SPRINGER-VERLAG BERLIN HEIDELBERG GMBH

In Kürze erscheint:

Lehrbuch der Lebensmittelchemie

von

Dr. J. Tillmans

Ordentlicher Professor an der Universität, Direktor des Universitäts-Instituts für Nahrungsmittelchemie und Städt. Nahrungsmittel-Untersuchungsamtes in Frankfurt am Main.

Mit etwa 65 Abbildungen im Text

1927. Etwa RM 24.—

Aus dem Inhalt: Einleitung. I. Das Nahrungsmittelgesetz. — II. Lebensmittel, Nahrungsmittel, Nährstoffe, Nahrung, Genussmittel. Die Proteinstoffe. Die Fette. Die Kohlenhydrate. Die Mineralstoffe. Andere in den Nahrungs- und Genussmitteln vorkommende Stoffe. — III. Ernährungslehre. Die Vitamine. Das Fleisch. Eier. Die Milch. Die Fette und Öle. Die Pflanzenfette. Die Getreidefrüchte. Die Hülsenfrüchte. Brot. Teigwaren. Zucker. Obst. Gemüse. **Die Genussmittel.** Die alkaloidhaltigen Genussmittel. Die alkoholischen Genussmittel. **Die Würzmittel.** Essig. Kochsalz. Gewürze. Das Wasser.

Das Vorkommen, der Kreislauf und der Stoffwechsel des Jods

von

Th. von Fellenberg

Chemiker am eidgenössischen Gesundheitsamt Bern

Mit 8 Textabbildungen und 4 Kurventafeln

(Sonderausgabe aus: Ergebnisse der Physiologie Herausgegeben von L. Asher und K. Spiro. Bd. XXV)

II, Seite 175—263 1926. RM 10.50

Aus dem Inhalt: Literatur. Historischer Überblick. I. Jodbestimmungsmethoden. a) Allgemeines, b) Beschreibung der Methode, c) Trennung der Jodverbindungen in anorganische und organische. II. Jod und Umwelt. a) Gesteine, b) Salze und künstliche Düngemittel, c) Luft, d) Gewässer, e) Pflanzen und Tiere, f) Kreislauf des Jods. III. Beziehungen zwischen dem Auftreten des Kropfes und dem Jodgehalt der Umwelt. IV. Untersuchungen über den Jodstoffwechsel. a) Ernährung mit physiologischen Jodmengen beim Erwachsenen, b) Versuche mit kleinen Kaliumjodidmengen beim Kind, c) Jodausscheidung nach Einnahme von Rinderschilddrüsen, d) Jodretention nach Verabreichung von viel anorganischem Jod beim Meerschweinchen, e) Jodretention nach Verabreichung reichlicher Mengen organisch gebundenen Jods beim Menschen, f) Jodgehalt von Schilddrüsen Neugeborener. V. Joddüngung und Jodfütterung. a) Joddüngungsversuch, b) Fütterungsversuche mit jodgedüngten Runkelrüben, c) Übergang des Jods in die Milch bei Fütterung mit jodiertem Kochsalz, d) in die Milch und den Harn bei der stillenden Frau, e) in die Milch nach Aufstrich von Jodtinktur, f) Fütterungsversuch mit jodiertem Erdnussöl bei einer Kuh. VI. Jodiertes Kochsalz.

IVAR BANG

MIKROMETHODEN ZUR BLUTUNTERSUCHUNG

Bearbeitet von

Dr. med. Gunnar Blix
Laborator der physiologischen und
medizinischen Chemie an der Universität Upsala

Sechste durchgesehene und verbesserte Auflage

Mit 7 Abbildungen im Text

Springer-Verlag Berlin Heidelberg GmbH
1927

Alle Rechte,
insbesondere das Übersetzungsrecht in fremde Sprachen, vorbehalten.

© Springer-Verlag Berlin Heidelberg 1922
Ursprünglich erschienen bei J. F. Bergmann in München 1922

ISBN 978-3-662-34151-3   ISBN 978-3-662-34421-7 (eBook)
DOI 10.1007/978-3-662-34421-7

Vorwort.

Die Bangschen Mikromethoden sind für die theoretische und praktische Medizin von unschätzbarem Wert gewesen, und noch heute — beinahe 10 Jahre nach Bangs Tod — sind sie, trotz der nunmehr grossen Anzahl ähnlicher Methoden von grösster Bedeutung. Es sind seit dieser Zeit indessen so zahlreiche Verbesserungen der Methoden bekannt geworden, die es angebracht erscheinen lassen, diese Erfahrungen kritisch zu sammeln, und in einer neuen Auflage der „Mikromethoden" den Fachgenossen leichter zugänglich zu machen. Ich habe daher der Aufforderung des Herrn Anton Chr. Bang, eine Neubearbeitung dieses Werkes seines Vaters zu übernehmen, gern entsprochen und ich habe dabei die Erfahrungen anderer durch eigene ergänzt.

Im Laboratorium der medizinischen Klinik an der Universität Lund wurden unter der Leitung der früheren Vorstände Chefarzt Dr. med. M. Ljungdahl und Chefarzt Dr. med. L. Brahme viele praktische Verbesserungen der Apparatur und Technik der Mikrokjeldahlmethode ausgearbeitet, die sie mir zur Veröffentlichung an dieser Stelle überlassen haben. — Auch die Blutzuckermethode ist in der, den letzten Angaben Bangs sehr nahekommenden Form mitgeteilt, in der sie seit Jahren im genannten Laboratorium in täglichem Gebrauch steht und sich sehr zuverlässig gezeigt hat. Eine der früheren Methoden, die Bestimmung der Alkaleszenz, ist in dieser Auflage nicht wieder berücksichtigt worden. Der von Bang gezeigte Weg hat sich als nicht gangbar erwiesen.

Die aus dem Laboratorium Professor J. Bocks in Kopenhagen stammenden Methoden habe ich persönlich nicht eingehender studiert und praktisch erprobt. Von den Herren Dr. med. P. Iversen, Chefarzt Dr. med. Buchholtz und Dr. med. C. Friderichsen, die entsprechende Methoden ausgearbeitet haben, wurde ich in gütigster Weise verständigt, dass an ihren Methoden seit 1918 nichts geändert worden ist. Die Änderungen im Text, die sich auf diese Methoden beziehen, sind daher nur redaktioneller Art. Dasselbe gilt für die Methode von Herrn Dr. med. R. Fåhraeus.

Ich habe mich bemüht, noch ausführlicher als früher Einzelheiten der Methoden mitzuteilen, denn gerade kleine Einzelheiten und Kunstgriffe stellen sich bei diesen Methoden oft als sehr wichtig heraus. Ich habe auch versucht, gewisse Verfahren noch weitgehender als früher zu präzisieren, da es für die Genauigkeit der Resultate von grossem Gewicht ist, dass man die Bestimmungen stets peinlich genau in der gleichen Weise ausführt. Bei der sprachlichen Durchsicht wurde ich von Herrn Fil. Lic. J. Heuberger, Upsala, dankenswert unterstützt.

Upsala, im Juli 1927. **Gunnar Blix.**

Ivar Bang.

Am 11. Dezember 1918 starb Ivar Bang in seinem Laboratorium; am Arbeitstisch beschäftigt, fiel er ohne vorhergehende Krankheit plötzlich nieder und war in einigen Minuten tot. Er hatte gerade mit einem Schüler wissenschaftliche Fragen, eifrig und interessiert wie je, diskutiert und Pläne für die Arbeiten der nächsten Tage besprochen. Eine Coronarsklerose machte seinem Leben ein Ende.

Bang war in Gran, Norwegen, 1869 geboren und war also bei seinem Tode nur 49 Jahre alt. Sein Arztexamen machte er 1895 in Christiania und wurde in dem gleichen Jahre daselbst als Assistent des physiologischen Institutes angestellt. Während einiger Monate der Jahre 1896 und 1897 studierte er analytische Chemie bei Fresenius in Wiesbaden und 1897—1899 physiologische Chemie bei Hammarsten in Upsala. 1899 übersiedelte er nach Lund als Vorsteher des physiologisch-chemischen Instituts und wurde dort 1904 zum ordentlichen Professor der physiologischen Chemie ernannt.

Mit Bangs Hinscheiden hat die medizinische Wissenschaft einen schwer zu ersetzenden Verlust erlitten. Was er wissenschaftlich geleistet hat, lässt sich nicht in wenigen Zeilen schildern; vom Hauptsächlichsten geben jedoch Bangs drei bekannte Monographien: Die Lipoide, der Blutzucker und die Mikromethoden beredtes Zeugnis. Ganz besonders die letztgenannte Arbeit hat Bangs Namen berühmt gemacht. Diejenigen Untersuchungen, welche die Grundlage für diese Monographien bilden, haben ja neue, weite Aussichten für die Wissenschaft eröffnet und sich als ausserordentlich erfolgreich für die medizinische Klinik erwiesen.

Aber wir, die täglich mit Bang zusammen waren, hofften von ihm noch viel mehr, und diese unsere Hoffnungen wurden durch seinen Tod grausam vereitelt.

Wir sahen, wie er während der letzten Jahre, in vielleicht noch höherem Grade als früher, von neuen Ideen für kommende Untersuchungen sozusagen überquoll und wie er von einer so intensiven Arbeitsfreude erfüllt war, wie man sie nur selten und bei ganz wenigen Leuten trifft. Er scheute sich keiner noch so grossen Mühe, um seine wissenschaftlichen Ziele zu erreichen, man konnte ihm keine Untersuchung vorschlagen, deren Ausführung ihm zu schwer erschien. Entsprachen die Resultate den Berechnungen, so war er entzückt, taten sie es nicht, so freute es ihn bisweilen doch in der Hoffnung, schliesslich noch bemerkenswerteren Entdeckungen auf die Spur zu kommen.

Diese Eigenschaften Bangs machten das Zusammenarbeiten mit ihm zu einem grossen Vergnügen, und zweifelsohne bewahren auch alle, die seine Mitarbeiter oder Schüler gewesen sind, diese Arbeitszeit in schöner Erinnerung. Sie war gewürzt durch angeregte Unterhaltungen über wissenschaftliche oder zur Abwechselung auch über allgemein interessante Fragen, bei welchen Bangs originelle Auffassung, seine dialektische Schlagfertigkeit, sowie seine Neigung zum Paradoxen alle Anwesenden belebten.

Der Umgang mit Bang war überhaupt immer sehr anregend. Er war eine vielseitig interessierte, fein gebildete, auch mit musikalischen Gaben ausgestattete Persönlichkeit. Stark in seinen Sympathien wie in seinen Antipathien und dazu ein Mann, der den Streit eher liebte als vermied, hatte er freilich nicht nur Freunde. Diese aber standen ihm um so näher und vermissen durch sein Hinscheiden nicht nur den hervorragenden Gelehrten, sondern auch den lieben, treuen Freund mit dem reichen, warmen Gefühlsleben.

Lund, Oktober 1919.

J. Forssman.

Inhaltsverzeichnis.

	Seite
Vorwort	3
Ivar Bang	5
Einleitung	9
I. Das allgemeine Verfahren	9
a) Das Papier	10
b) Wage und Wägung	11
c) Die Blutentnahme	13
d) Nachbehandlung	14
II. Die Bestimmung des Wassers bzw. der Trockenmasse	16
III. Die Bestimmung der Chloride	17
Die Ausführung der Bestimmung	18
IV. Die Bestimmung der Jodide	20
Die Ausführung der Bestimmung	20
V. Die Mikrokjeldahlmethode	21
a) Reagenzien und Apparate	22
b) Die Ausführung der Bestimmung	25
VI. Die Bestimmung des Reststickstoffs	30
Die Ausführung der Bestimmung	32
VII. Die Mikrobestimmung des Harnstoffs	33
VIII. Die Mikrobestimmung der Aminosäuren	34
IX. Die Bestimmung des präformierten Ammoniaks	35
Die Ausführung der Ammoniakbestimmung	36
X. Die Bestimmung des Gesamtstickstoffs	37
XI. Die Bestimmung der Proteine	38
a) Gesamteiweiss	38
b) Albumin und Globulin	38
c) Fibrinogen bzw. Fibrin	39
d) Albumosen	40
XII. Die Bestimmung des Blutzuckers	41
a) Erforderliche Reagenzien	41
b) Die Ausführung der Zuckerbestimmung	42
XIII. Die Bestimmung der Lipoidstoffe	44
a) Erforderliche Reagenzien	46
b) Die Bestimmung der Neutralfette und des freien Cholesterins	47
c) Die Bestimmung der Phosphatide und der Cholesterinester	50
XIV. Die Bestimmung der Salizylsäure	52

Einleitung.

Obwohl keineswegs sämtliche normal oder pathologisch vorkommenden Blutbestandteile nach den hier mitgeteilten Methoden bestimmt werden können — hauptsächlich deshalb, weil viele in zu geringer Menge im Blute auftreten — sind doch Verfahren für so viele — und zwar die wichtigsten — Komponenten des Blutes ausgearbeitet worden, dass man von einer allgemeinen Methode zur Untersuchung desselben sprechen kann. Im folgenden sollen nun Mikromethoden zur Bestimmung der Chloride, der Jodide, des Zuckers, des Gesamtstickstoffs, des Proteinstickstoffs, des Reststickstoffs, des Harnstoffs und der Aminosäuren, des Ammoniaks, des Neutralfettes, des Cholesterins, der Phosphatide und der Fettsäuren, der Cholesterinester, des Wassers und der Trockenmasse, sowie der Salizylsäure beschrieben werden. Wahrscheinlich lassen sich ausserdem noch zur Bestimmung anderer Bestandteile des Blutes, z. B. von Kalk und Brom, ähnliche Mikromethoden ausarbeiten. Das Verfahren, welches ursprünglich nur zur Bestimmung von Blutzucker angegeben wurde, hat sich also recht entwicklungsfähig erwiesen.

Wie bemerkt, sind die Methoden auf das gleiche allgemeine Prinzip gegründet worden. Es besteht darin, dass das Blut durch ein kleines Stückchen Löschpapier aufgesaugt wird. Dies Stückchen Papier dient als Filter und hält nach Zusatz eines Lösungsmittels alle in dem betreffenden Lösungsmittel unlöslichen Blutbestandteile zurück, die die weitere Bestimmung beeinträchtigen könnten. Man hat also hauptsächlich nur das geeignete Lösungsmittel für den zu bestimmenden Blutbestandteil sowie eine sichere Analysenmethode für denselben ausfindig zu machen. Die grundlegende Behandlung des Blutes bleibt infolgedessen in jedem Fall die gleiche.

Demgemäß soll zuerst das allgemeine Verfahren besprochen werden. Dann folgt die Beschreibung der Methoden zur Bestimmung der einzelnen Blutbestandteile.

I. Das allgemeine Verfahren.

Dasselbe besteht darin, dass man ein paar Tropfen Blut durch ein kleines gewogenes Stückchen Löschpapier aufsaugen lässt. Darauf wird das Papier wieder gewogen und mit dem betreffenden Lösungsmittel behandelt. Hierbei kommen folgende Punkte in Betracht: 1. Das Papier. 2. Die Wage und die Wägung. 3. Das Aufsaugen des Blutes. 4. Die weitere Behandlung der Blutprobe. Es soll gleich hier bemerkt werden, dass alle, auch die kleinsten Einzelheiten für das Gelingen der Bestimmung von Wichtigkeit sind; wenn dieselben auch häufig überflüssig oder ohne Bedeutung zu sein scheinen, so sind sie nichtsdestoweniger beinahe immer von grosser Wichtigkeit und ihre Nichtbeachtung kann viel Verdruss bereiten. Gerade diese Einzelheiten sind oft die Frucht langwieriger und schwieriger Untersuchungen und es ist ihnen kaum anzusehen, dass ihre Ausarbeitung solch grosse Mühe verursacht hat. Beachtet man aber diese Vorschriften nicht, so wird man nachträglich ihre Bedeutung sicher erkennen. Auf der anderen Seite bilden diese Einzelheiten organische Bestandteile des gesamten Verfahrens und fügen sich so natürlich in das Ganze ein, dass man sie bald bei der Ausführung der Bestimmungen ganz automatisch beachtet. Aus diesem Grunde aber soll man sich bei der Einübung der Methode peinlich genau an die Vorschriften halten.

a) Das Papier.

Von den üblichen Handelssorten Filtrierpapier ist keine einzige brauchbar, weil sie nicht die Fähigkeit haben, das Bluteiweiss quantitativ zurückzuhalten. Bei der Behandlung mit dem Lösungsmittel trennt sich etwas Eiweiss von dem Papier, so dass man genötigt ist, die Lösung zu filtrieren. Dagegen ist Löschpapier vorzüglich geeignet[1]). Beim Ausprobieren der zugänglichen Sorten Löschpapiere erwiesen sich früher die schwedischen und deutschen Fabrikate weniger geeignet als einige englische Fabrikate. Von ihnen bewährte sich am besten die Marke E.J.K., bezogen durch die Aktiengesellschaft Emil Jensen, Kopenhagen. Das einzelne Blatt dieses Papiers soll im Format 57 ×45 mindestens 50 g wiegen; solche von geringerem Gewicht sind nicht zu verwenden, da sie zu dünn sind. Während der letzten Jahre war es schwierig genügend schwere E.J.K.-Papiersorten zu erhalten, gewisse schwedische Papiere (von Finpappersbruken, Stockholm) lassen sich aber derzeit mit Vorteil anwenden[2]).

Jedes Löschpapier enthält Verunreinigungen, die bei den Mikromethoden zu Fehlern Anlass geben können und deshalb entfernt werden müssen. Die Reinigung des Papiers wird je nach seiner Verwendung auf verschiedene Weise ausgeführt.

Für die Zuckerbestimmung wird das Papier in Streifen von 26 mm Breite geschnitten und mehrmals erst mit Essigsäure enthaltendem, dann mit reinem destillierten Wasser von 50—60° ausgezogen, um Verunreinigungen zu entfernen, die sonst bei der Bestimmung Jod verbrauchen würden. In jeder der beiden Waschflüssigkeiten verbleibt das Papier mehrere Stunden, während welcher Zeit öfter umgerührt und dafür gesorgt wird, dass die Blätter nicht zusammenkleben; dann wird das Papier bei

---

[1]) Doch haftet defibriniertes und dekalziniertes Blut weniger fest an Löschpapier.

[2]) Fertig gereinigte Papiere von vorgeschriebener Grösse können von der Firma R. Grave, Stockholm, bezogen werden.

Zimmertemperatur getrocknet, in Stücke von 16 × 26 mm Grösse zerschnitten und in Schachteln oder in Gefässen unter Glasverschluss aufbewahrt.

Für **Stickstoffbestimmungen** wird das Papier zunächst in derselben Weise behandelt. Nachdem es aber zerschnitten ist, wird es mit Wasser so lange gewaschen, bis eine Probe des Papiers mit etwa 10 ccm Wasser versetzt, mit Nesslers Reagenz keine Reaktion mehr gibt. Nun giesst man das Wasser ab, trocknet das Papier an der Luft und bewahrt es, **vor Luft geschützt**, in Gefässen oder Schachteln auf. Für Ammoniakbestimmungen muss das Papier besonders sorgfältig gereinigt werden.

Für **Fettbestimmungen** darf nur entfettetes Papier verwendet werden. Die Papierstückchen werden mit siedendem Alkohol mehrere Stunden ausgezogen, an der Luft getrocknet und wie oben aufbewahrt.

Für die Bestimmung des Chlors und der anderen Stoffe kann dasselbe Papier wie zur Zuckerbestimmung verwendet werden.

b) Wage und Wägung.

Vor dem Gebrauch wird das Papierstückchen zunächst gewogen. Dazu kann man zwar eine gewöhnliche analytische Wage benutzen. Viel schneller und bequemer führt man aber die Wägung mit einer **Torsionswage** (von Hartmann und Braun, Frankfurt a. M.) aus (Abb. 1).

Nur für die Bestimmung des Wassers bzw. der Trockensubstanz hat sich die analytische Wage besser bewährt (s. unten S. 16). Das Papierstückchen wird mittels einer kleinen Klammer aus Messing oder Stahl (Abb. 2) an dem Wagebalken aufgehängt. Eine solche Klammer liegt den Schachteln mit Papierstückchen bei und ist auch einzeln käuflich. Man kann die

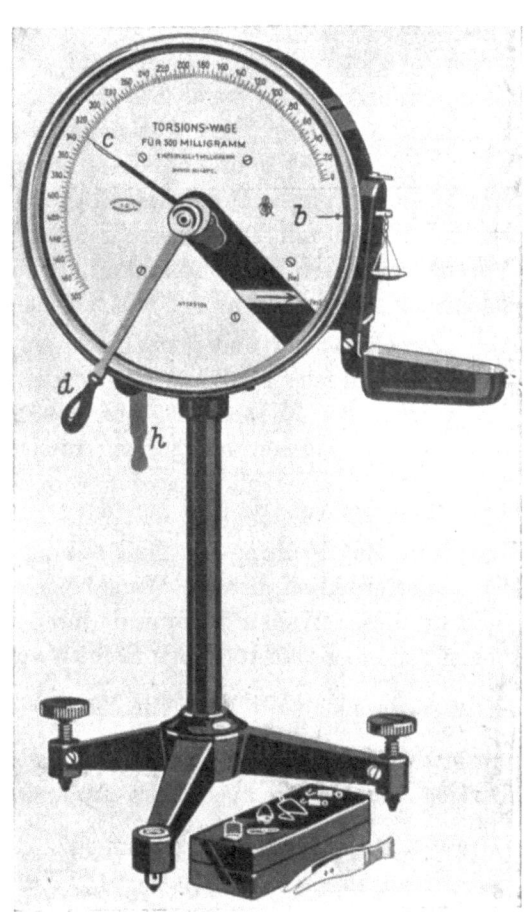

Abb. 1.

Klammern übrigens sehr leicht selbst herstellen. Im allgemeinen dürfen sie nicht über etwa 150 mg wiegen[1]).

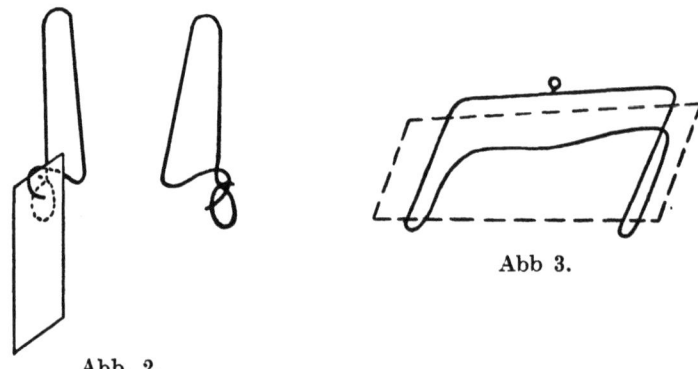

Abb. 2.

Abb 3.

Der Arretierhebel (h) wird auf „Frei" und hierauf der Zeiger (b) mittels des Einstellhebels (d) auf den Nullpunkt eingestellt. Der Skalenzeiger (c) gibt dann das Gewicht des Papierstückchen in Milligramm und Zehntelmilligrammen an. Die ganze Wägung lässt sich in etwa 2—3 Sekunden ausführen. Es gibt mehrere Ausführungsformen der Torsionswage. Die derzeit gebräuchlichste ist in Abb. 1 abgebildet. Es ist dies eine Wage mit einem Messbereich bis 500 mg mit Messerzeiger und Spiegelskala. Wagen mit zwei Messbereichen von 250 und 500 mg haben den Vorzug doppelter Empfindlichkeit, werden aber wegen der Gefahr, versehentlich Ablesungen an der falschen Skala zu machen, weniger verwendet.

Zweckmäßiger und fast ebenso empfindlich wie eine Wage mit zwei Messbereichen ist eine Wage mit unterdrückten Anfangswerten der Skala, bei welcher der Messbereich nur von 200—500 mg reicht, auf der also Objekte von weniger als 200 mg nicht gewogen werden können. Dies wird dadurch erreicht, dass der Feder eine solche Vorspannung erteilt wird, dass der Wagebalken erst bei einer Belastung von 200 mg auf Null einspielt. Zur Prüfung der Nullstellung ist daher ein Normalgewicht von 200 mg erforderlich, das der Wage beigegeben wird. Die grössere Empfindlichkeit dieser Wagen kommt dadurch zustande, dass der volle Skalenbogen von etwa $200°$ für einen Bereich von $500-200 = 300$ mg ausgenutzt wird, so dass sich für 1 mg ein Ausschlag von etwa $\frac{200}{500} = {}^2/_3$ Bogengraden ergibt, während bei der normalen Wage der gleiche Skalenbogen für einen Bereich von 500 mg ausreichen muss, was für 1 mg einen Ausschlag von $\frac{200}{500} = {}^2/_5$ Bogengraden, d. h. nur 60% der obigen Empfindlichkeit ergibt.

---

[1]) An Stelle der Klammern haben Hartmann & Braun ein Drahtgestell (Abb. 3) ausgebildet, das sich gut bewährt hat und von der genannten Firma bezogen werden kann.

Die Wage mit zwei Messbereichen ist im übrigen nichts anderes als die mit unterdrückten Anfangswerten, nur mit dem Unterschied, dass die ganze untere Hälfte der Skala unterdrückt ist, und der eigentliche Messbereich nur mehr von 200—500 mg reicht. Um nun auch unterhalb 200 mg wägen zu können, ist das oben erwähnte Normalgewicht zur Kontrolle des Nullpunkts so ausgebildet, dass es seinerseits wieder als Haken zum Anhängen einer Last benutzt werden kann. Man wägt also kleinere Lasten als 200 mg stets gemeinsam mit dem Normalgewicht und müsste den Betrag des letzteren von dem abgelesenen Gewicht abziehen, wenn nicht die Wage gleich mit einer zweiten Teilung versehen wäre, in der diese Rechnung bereits ausgeführt ist.

Will man eine Universalwage haben, die für alle Bestimmungen brauchbar ist, so soll man eine solche mit dem Messbereich von 0—1000 mg wählen. Sonst ist für die Bestimmung von Zucker, Chlor und Reststickstoff die Wage mit dem Messbereich von 0—500 oder besser von 200—500 mg vorzuziehen. Dabei muss darauf aufmerksam gemacht werden, dass ein Wägefehler von 0,5 mg keine Rolle spielt, da man doch meistens auf ganze Milligramme abrundet.

Schliesslich muss man noch darauf achten, dass die Wage immer auf demselben Platz stehen bleibt. Hat man sie auf einen anderen Platz gestellt, so muss man vor ihrer Benutzung prüfen, ob sich der Nullpunkt nicht verändert hat, und muss gegebenenfalls die Wage neu einstellen[1]).

c) Die Blutentnahme.

Nach der Wägung des Papiers wird dasselbe mit Blut getränkt und dann sofort wieder gewogen. Hierbei macht sich der Vorteil der Torsionswage, die ausserordentlich rasche Ausführbarkeit der Wägung geltend, da infolge derselben kein in Betracht kommender Gewichtsverlust durch Abdunstung eintreten kann. Man entnimmt das Blut bei Kaninchen, Hunden, Katzen und Meerschweinchen aus einer Ohrvene, beim Menschen aus der Fingerbeere oder dem Ohr. Durch leises Streichen wird das Blut herausgedrückt und gleich in das Papier eingesaugt. Starker Druck ist unbedingt zu vermeiden, weil dabei auch Gewebeflüssigkeit austreten würde; bei zu heftigem Drücken erhält man bei Kaninchen schliesslich reine Lymphe. Kaninchen mit dünnen Ohren bluten immer schlecht. Solche Tiere sollte man am besten ausschalten. Kaninchen mit grossen Ohren — Rassekaninchen — bluten immer gut, besonders wenn man die Ohren, bevor die Vene geöffnet wird, etwas frottiert. Bluten Kaninchen

---

[1]) Besonders wegen der verhältnismäßigen Kostspieligkeit der Torsionswage ist von verschiedenen Forschern bei einigen Methoden ein volumetrisches Abmessen des Blutes vorgezogen worden. Nähere Angaben hierüber werden bei den Beschreibungen der einzelnen Methoden gegeben.

schlecht, so kann man auch durch Bepinseln der Ohren mit Xylol oder Benzol eine starke Hyperämie erzeugen. Allerdings werden die Ohren später anämisch und bluten dann noch schlechter. Eine zweite Behandlung hilft in den meisten Fällen nichts. Hunde bluten meistens gut. Ebenso auch Katzen und Meerschweinchen, letztere trotz der kleinen Ohren.

Es ist wichtig, das Aufsaugen und die nachfolgende Wägung des Blutes so schnell wie möglich vorzunehmen, weil das aufgesaugte Blut durch Verdunstung fortwährend Wasser verliert. Bei Zimmertemperatur beträgt der Verlust ca. 0,5 mg in 1 Minute. Direktes Sonnenlicht bewirkt grössere Verluste und ist deshalb unbedingt zu vermeiden. Ein beträchtlicher Wasserverlust entsteht auch, wenn das mit Blut getränkte Papier bis zur Wage eine Strecke getragen wird. Am besten wird die Blutentnahme ganz in der Nähe derselben ausgeführt.

Ein sehr häufig vorkommender Versuchsfehler ist der, dass das Papier ganz mit Blut durchtränkt wird, weil man durch Verwendung der grösstmöglichen Blutmenge den Multiplikationsfehler zu verringern sucht. Man begeht aber hierdurch einen anderen um so grösseren Fehler. Denn erstens haftet das Eiweiss schlechter an dem Papier. Zweitens — und dies ist noch viel wichtiger — erfolgt die Diffusion der Extraktivstoffe bedeutend langsamer, wenn das Papier von einer mehr oder weniger dicken Kruste von Eiweiss umgeben ist. Selbst 24 Stunden genügen dann nicht für eine Extraktion, die sonst im Verlaufe von 10—30 Minuten beendigt wäre. Ja, die Erfahrung hat gelehrt, dass man unter Umständen überhaupt keine quantitative Extraktion erzielen kann. Mehr als 120 mg oder höchstens 130 mg Blut dürfen nicht eingesaugt werden. Wünscht man mehr Blut für die Analyse anzuwenden, so muss man ein entsprechend grösseres Papierstückchen nehmen. Man lässt also nur so viel Blut durch das Papier aufsaugen, dass etwa $8/10$ bis höchstens $9/10$ des letzteren damit getränkt sind.

Andererseits darf man auch nicht zu wenig Blut nehmen. Weniger als 80 mg Blut darf man in der Regel nicht verwenden. Nur wenn der zu bestimmende Bestandteil in grosser Menge vorhanden ist, wird es sich empfehlen, bis auf 50 mg Blut herabzugehen (bei Koma, Urämie und Ikterus für Zucker, Reststickstoff- und Lipoidbestimmungen).

d) Nachbehandlung.

Nach der Wägung wird das bluthaltige Papier in ein Proberöhrchen übergeführt und mit der Lösung eines entsprechenden, je nach den verschiedenen Bestimmungen wechselnden Reagenzes versetzt. Nur bei der Bestimmung der Lipoide (sowie des Wassers) wird das Papier zuerst getrocknet. Sonst empfiehlt es sich in allen Fällen nicht so lange zu warten bis das Papier völlig trocken wird. Die Erfahrung hat nämlich gelehrt, dass dann die Diffusion wesentlich langsamer erfolgt, auch haftet das Eiweiss schlechter an dem Papier. Man wartet am besten nur etwa 5 Minuten bis das Papier nicht mehr feucht aussieht und führt es dann erst in das Proberöhrchen über. Von der Lösung setzt man immer so viel zu, dass sie das Papier wenigstens vollständig bedeckt. Je mehr die Lösung das Papier überragt, um so sicherer ist man, dass sich keine Eiweißspuren loslösen. Da man gewöhnlich nur 7—10 ccm Lösung verwenden soll, empfiehlt es sich also, recht enge Proberöhrchen zu verwenden. Das Papier soll bis zum Boden hinuntergleiten. Wenn das Papier die obere Flüssigkeitsschicht berührt, erhält man immer unrichtige Werte.

Nach der Extraktion, die für die verschiedenen Blutbestandteile verschieden lange Zeit in Anspruch nimmt, wird die Flüssigkeit abgegossen und, falls sie nicht vollständig klar ist, filtriert. Das Papier wird dann einmal mit dem Extraktionsmittel ausgewaschen und die Auswaschflüssigkeit mit dem ersten Abguss vereinigt.

Es sei noch bemerkt, dass die Extraktion nicht länger dauern darf, als in den einzelnen Vorschriften angegeben ist.

An dieser Stelle soll zuletzt noch ein Sachverhalt besprochen werden, der sowohl in der Mikrokjeldahlmethode als in den Blutzucker- und Blutlipoidemethoden von Bedeutung ist, der aber, wie es scheint, nicht immer beachtet wird.

Die titrimetrische Bestimmung wird in den genannten Methoden in grundsätzlich gleicher Art ausgeführt. Eine bestimmte Menge (gewöhnlich 1 oder 2 ccm) einer Titrierflüssigkeit A wird abgemessen. Ein Teil dieser Titrierflüssigkeit wird von dem zu analysierenden Stoffe verbraucht; der Überschuss von A wird durch eine zweite Titrierflüssigkeit B, die von derselben Normalität als A ist, ermittelt. Selbstverständlich muss die Genauigkeit, mit welcher A abgemessen wird, von Bedeutung für die Genauigkeit der Analysenresultate sein. Man muss sich aber darüber im klaren sein, in welcher Hinsicht diese Volumsbestimmung genau sein muss.

Bei den genannten Methoden wird auch von den Reagenzien immer eine kleine Menge von A verbraucht. Darum gehört zu jeder Blutanalyse ein Blindversuch. Angenommen: a ccm von A sind abzumessen; in dem Blindversuche werden x ccm von B, in der Blutanalyse y ccm von B verbraucht. Von dem zu analysierenden Stoffe sind daher $(a-y)-(a-x)$ ccm oder $x-y$ ccm von A verbraucht worden. Praktische Konsequenz: Es ist gleichgültig, ob wir die exakte Grösse von a kennen oder nicht. Wenn es z. B. vorgeschrieben ist 2 ccm von A abzumessen ($a=2$), so ist es folglich ganz überflüssig eine genau kalibrierte Pipette (oder Bürette) bei diesem

Abmessen zu verwenden, denn es bedeutet für das Resultat nichts, falls a in der Tat gleich z. B. 1,90 oder 2,10 statt gleich 2,00 ist. Dagegen ist es offenbar von grösstem Gewicht, dass a im Blindversuche und in der Blutanalyse genau denselben Wert hat, d. h., **dass von der Titrierflüssigkeit A in der Blindprobe und in der Blutanalyse exakt dieselbe Menge abgemessen wird.** — Daher muss erstens natürlich bei der Blindprobe und der Blutanalyse dieselbe Pipette benutzt werden, zweitens muss diese Pipette tadellos rein sein (an ihre Wandung darf keine Spur von Fett anhaften), drittens muss die Pipette in der Blindprobe und in der Blutanalyse in dergleichen Weise entleert werden. Am besten lässt man die Pipette in eine von der Lotrechten ein wenig abweichender Haltung auslaufen, wobei man die Auslaufsspitze dauernd die Wand berühren lässt. Man lässt die Pipette in dieser Lage 10 Sekunden nach dem Ablaufen verbleiben und entfernt sie dann ohne auszublasen. — Eine Nichtbeobachtung dieser Vorsichtsmaßregeln kann ziemlich bedeutende Fehler veranlassen.

II. Die Bestimmung des Wassers, bzw. der Trockenmasse.

Für diese Bestimmung muss man entweder über eine Torsionswage verfügen, die das Gewicht mit einer Genauigkeit von 0,1 mg zu schätzen erlaubt; oder man benutzt — und das ist noch besser — eine gewöhnliche analytische Wage. Ferner bedarf man eines Trockenschrankes für Temperaturen bis zu 100°, in dem die Papierstückchen zunächst bis zu konstantem Gewicht getrocknet werden, worauf man sie im Exsikkator über Schwefelsäure aufbewahrt. Für die Bestimmung wird das getrocknete Papier zuerst gewogen, mit Blut getränkt, wieder gewogen, hierauf eine Stunde bei 100° getrocknet, worauf man schliesslich im Exsikkator erkalten lässt. Schon nach einigen Minuten kann man dann die Schlusswägung ausführen.

Es ist klar, dass die Wägefehler besonders bei der ersten und letzten Wägung von grösster Bedeutung für die Ergebnisse sind. Hat man z. B. 100 mg Blut mit 18 mg Trockenmasse abgewogen, so bedeutet ein Fehler von 0,5 mg bei der Wägung des Gesamtblutes nur eine absolute Differenz von etwa 0,1% Trockenmasse, während derselbe Fehler bei der Wägung des Papiers allein oder des Papiers mit der Trockenmasse 0,5% ausmacht. Schon ein Wägefehler von 0,1 mg bedingt eine absolute Differenz von 0,1%, d. h. er lässt 17,9% bzw. 18,1% Trockenmasse statt des richtigen Wertes 18% finden. Damit also der Wägefehler nicht zu gross wird, muss man bei der Verwendung der Torsionswage folgende Punkte berücksichtigen:

1. Bei der Wägung wird keine Klammer benutzt, sondern das Papierstückchen soll ein rundes Loch besitzen, mit Hilfe dessen es an den Wage-

balken oder beim Trocknen an einen Stahldraht oder einen feinen Glasstab gehängt wird.

2. Da die getrockneten Papiere sehr hygroskopisch sind, andererseits Wasser schnell von dem aufgesaugten Blute verdunstet, muss natürlich möglichst schnell gewogen werden und die Wägung immer die gleiche Zeit in Anspruch nehmen.

3. Man verwendet mehr Blut als 100 mg, am besten 150 mg. Andererseits bietet es keinen Vorteil, noch mehr Blut zu nehmen, da dann das Aufsaugen zu lange Zeit beansprucht und Wasserverluste durch Verdunstung entstehen können.

4. Aus diesem Grunde ist es auch nötig, dass das Blut schnell und reichlich aus der Wunde strömt, was überdies auch deshalb erforderlich ist, weil eine unrichtige Mischung von Plasma und Formelementen durch Aufpressen hier von grösserer Bedeutung ist als bei den übrigen Mikromethoden.

5. Man führe stets Doppelbestimmungen aus.

Unter Berücksichtigung aller dieser Umstände kann man mittels der Torsionswage genaue Resultate erhalten. Einfacher gestaltet sich jedoch die Sache, wenn man die etwas mühsamere Wägung auf der analytischen Wage ausführen will. Das Papierstückchen wird in einem Wägegläschen mit Glasstopfen bei 100° eine Stunde getrocknet und gewogen. Nach Aufsaugen des Blutes führt man das Papier sofort in das Wägegläschen über, setzt sogleich den Stopfen auf und wägt wieder. Da kein Wasser verdunsten kann, darf man mit der Wägung nach Belieben warten. Schliesslich trocknet man wieder eine Stunde bei 100° und führt die Schlusswägung aus. Die Gefahr einer Wasserverdunstung, bzw. einer Wasseraufnahme ist auf diese Weise viel geringer als bei Verwendung der Torsionswage. Benutzt man immer dieselben Wägegläschen, so ist das Anfangsgewicht ungefähr bekannt, da die Papierstückchen (welche selbstverständlich nicht durchlocht zu sein brauchen), ungefähr das gleiche Gewicht besitzen.

III. Die Bestimmung der Chloride.

Die Methode beruht auf der Tatsache, dass der Farbenumschlag bei Titration einer alkoholischen Chloridlösung mit Silberlösung und Kaliumchromat als Indikator viel schärfer ist als bei der Titration einer wässerigen Chloridlösung. Eine alkoholische Chloridlösung lässt sich ganz scharf noch mit einer n/100-Silbernitratlösung titrieren.

Alkohol ist weiter für den Gebrauch bei der Mikromethode ein ausgezeichnetes Lösungsmittel für die Chloride des Blutes aus dem Grunde, weil durch denselben die Reaktion störende Verbindungen, unter denen namentlich die Eiweisskörper in Betracht kämen, gar nicht oder nur in sehr geringen, für die Resultate belanglosen, Mengen gelöst werden. Allerdings ist das Lösungsvermögen des Alkohols für Kochsalz nicht gross, aber reichlich genügend für die bei der Mikrobestimmung in Frage kommenden Mengen. Ein 92%iger Alkohol hat sich erfahrungsgemäß als der geeignetste erwiesen. Eine Extraktionszeit von 5 Stunden genügt, wenn das Blut noch feucht mit Alkohol versetzt wird. An der Luft getrocknetes Blut erfordert jedoch 24 Stunden für die Extraktion. Man lässt also das Blut am besten nicht eintrocknen. In diesem Falle kann man aber das bluthaltige Papier ohne Schaden auch viel länger im Alkohol verweilen lassen.

Die Ausführung der Bestimmung.

Nach Wägung des mit Blut getränkten Papiers wird dasselbe, nachdem das Blut vollständig angesaugt worden ist, d. h. nach etwa 5 Minuten, in ein Proberöhrchen mit einem Durchmesser von 17—18 mm übergeführt und mit 8 ccm 92%igem Alkohol versetzt. Die Flüssigkeit steht dann einige mm über dem Papier. Nach wenigstens 5 Stunden wird der Alkohol in ein kleines Spitzglas, welches sich besser eignet als ein Becherglas, übergeführt und das Papier mit 3 ccm Alkohol nachgewaschen. Die Waschflüssigkeit wird mit dem ersten Abguss vereinigt. Inzwischen hat man n/100-Silbernitratlösung in eine Mikrobürette nach Bang (Abb. 4) gebracht[1]). Die Hähne der Bürette dürfen nicht eingefettet werden; die Büretten sind häufig mit Chromsäure-Schwefelsäure-Mischung zu reinigen. Mit einer Pipette fügt man nun zu der alkoholischen Lösung 0,02 ccm gesättigter oder 7%iger Kaliumchromatlösung als Indikator hinzu und titriert, indem man vorsichtig die ganze Zeit mit einem dünnen, etwa 2 mm starken Glasstabe die Flüssigkeit umrührt, bis ein Umschlag in lichtbraun eintritt. Nur eines darf hierbei nicht befremden. Beim Zusatz des Chromates zum Alkohol fällt es als gelber Niederschlag aus und der Alkohol selbst bleibt farblos. Nach und nach aber wird infolge des Zusatzes der Maßflüssigkeit der Alkohol so wasserhaltig, dass etwas Chromat in Lösung geht und die Flüssigkeit demzufolge gelb gefärbt wird, und zwar um so stärker, je mehr Lösung zugesetzt wird. Diese rein kanariengelbe Farbe, die wegen des gebildeten kolloidalen Silberchlorids opalisiert, kann aber bei guter Beleuchtung nicht mit der lichtbraunen Färbung des Umschlagspunktes

---

[1]) In letzter Zeit sind mehrere andere Typen der Mikrobürette als die in Abb. 4 abgebildete vorgeschlagen worden. Wenigstens bei gewissen Methoden ist es sehr vorteilhaft, die Mikrobürette direkt auf dem Behälter der Titrierlösung montiert zu haben; man kann auch die Bangsche Mikrobürette nur so ändern, dass man den Behälter (b) weglässt, das Rohr (a) umbiegt und es nahe am Boden einer mit der Titrierflüssigkeit gefüllten Flasche münden lässt. In diesen Fällen werden die Büretten durch Einsaugen der Lösungen gefüllt.

verwechselt werden. Die Titration erfordert also unbedingt gutes Licht, Tageslicht ist jeder künstlichen Beleuchtung vorzuziehen.

Von den verbrauchten Kubikzentimetern zieht man so viel ab, als im Blindversuch, welcher immer angestellt werden muss, verbraucht wurde. Diese Menge beträgt gewöhnlich 0,03—0,05 ccm. Die Differenz zwischen Blutanalyse und Blindprobe, mit 0,585 multipliziert, entspricht der Menge des in der angewandten Substanz vorhandenen Kochsalzes in Milligrammen.

Die einzige technische Schwierigkeit der Methode liegt in der Erkennung des Umschlages. — Am einfachsten ist es, nur bis zum ersten Auftreten eines bräunlichen Stiches in der hellgelben Flüssigkeit zu titrieren. Der Umschlag ist dann unter Verwendung der oben vorgeschriebenen kleinen Indikatormenge beim Zusatz von weiteren 0,02 ccm Silberlösung deutlich, ja bei einiger Übung sogar nach 0,01 ccm Silberlösung zu erkennen. Man kann aber auch so verfahren, dass man auf eine bestimmte gelbbraune Farbentiefe titriert. Christoffersen (Ugeskrift for Laeger, Vol. 83, 1921) hat das folgende Verfahren vorgeschlagen. Die Blindproben werden mit einer 0,5 ccm n/100-NaCl entsprechenden NaCl-Menge versetzt. Man titriert, bis der Umschlag erkennbar ist und setzt noch weitere 0,03—0,05 ccm zu bis die Flüssigkeit eine hell gelb-braune Farbe annimmt. In den Blutanalysen wird auf denselben Farbenton titriert.

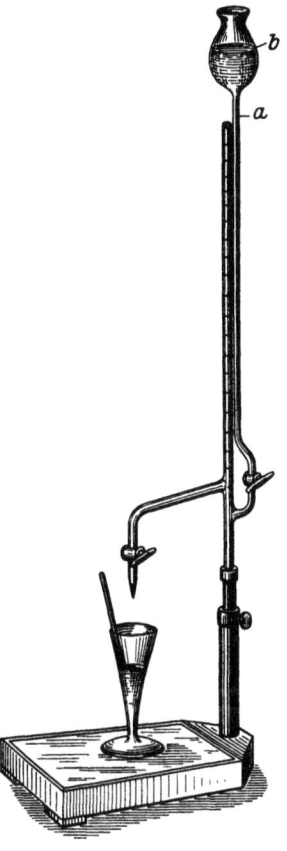

Abb. 4.

(Durch den NaCl-Zusatz wird eine bessere Übereinstimmung der Farbennuancen der Blindproben und der Blutanalysen erreicht.) Bei der Berechnung muss dann die Menge n/100-$AgNO_3$, die über 0,5 ccm zugesetzt worden ist, von der bei den Blutanalysen verbrauchten Menge der Silberlösung subtrahiert werden. Bei diesem Verfahren ist weiter zu bemerken, dass die Farbe der Blindanalysen beim Stehen am Tageslicht bald dunkler wird. Sie müssen daher ausser eben im Augenblicke der Farbenvergleichung vor dem Tageslicht geschützt werden. Aus demselben Grunde kann eine Blindanalyse höchstens für zehn nacheinander vorgenommenen Analysen als Vergleichslösung gebraucht werden. (K. O. Möller, Diss. Kopenhagen 1926.)

Die folgende kürzlich von Nitschke (Biochem. Zeitschr. Bd. 159, S. 489, 1925) angegebene Modifikation leistet auch gute Dienste und besitzt den Vorteil, in viel kürzerer Zeit als die ursprüngliche Methode durchgeführt werden zu können.

In ein unten breites Zentrifugiergläschen bringt man 0,3 ccm destilliertes Wasser, saugt dann mit einer geeichten Pipette 0,10 ccm Blut oder Serum auf, bläst diese langsam in das Zentrifugiergläschen ein und spült die Pipette zweimal mit 0,1 ccm destillierten Wasser nach. — Zum Serumgemisch fügt man kubikzentimeterweise 6 ccm absoluten Alkohol und schüttelt jedesmal kräftig um. — Bei der Bestimmung im Blute lässt man das Blut zunächst hämolysieren und spült dann, bevor Gerinnung eintritt, 6 ccm absoluten Alkohols der Wand entlang kräftig in das Glas und schüttelt. Darauf wird 3—5 Minuten kräftig zentrifugiert, die überstehende klare Lösung kann im gleichen Zentrifugierglas mit n/100-AgNO$_3$ titriert werden. — Bei Blutanalysen ist es jedoch vorzuziehen, die klare Lösung vom Zentrifugierglas in ein Spitzglas überzuführen, wobei zweimal mit je 2 ccm absolutem Alkohol nachgewaschen werden soll. Eine Blindprobe ist entgegen der Angabe Nitschkes auch bei diesem Verfahren unerlässlich. — Die mit dieser Modifikation erhaltenen Werte liegen regelmäßig ein wenig höher als die mit der Originalmethode gewonnenen.

IV. Die Bestimmung der Jodide
(nach Dr. J. Buchholtz).

Für diese Bestimmung wird etwas mehr Blut in Arbeit genommen. Es werden dementsprechend etwas grössere Stücke Löschpapier von rechtwinkeliger Form (3 × 4 cm) angewandt. Ihr Gewicht beträgt etwa 250 mg. Sie werden der Länge nach zusammengefaltet, an beiden Enden mit einem dünnen Seidenfaden durch einen einzigen Stich zusammengeheftet und dann aufgebogen, so dass das ganze Stück die Gestalt eines Bootes erhält; es darf nur so gross sein, dass es leicht in ein Reagenzglas von gewöhnlicher Form hinabgelassen werden kann, kann aber trotzdem 600—700 mg Blut aufsaugen. Die Wägung des Papiers vor und nach dem Aufsaugen des Blutes geschieht auf einer Torsionswage mit einem Messbereich bis 1000 mg. Nach Zusatz einer Salzlösung diffundieren die Jodide aus dem Papier. Sie werden durch Permanganat in Jodsäure übergeführt, welche mit Jodkalium die 6-fache Jodmenge in Freiheit setzt.

Die Ausführung der Bestimmung.

Nach der Wägung wird das bluthaltige Papier in ein reines, trockenes Proberöhrchen übergeführt und mit etwa 15 ccm kochender, 20%iger Kaliumchloridlösung, die durch Zusatz von 15 ccm 25%iger Salzsäure pro Liter angesäuert worden ist, übergossen. Dadurch koaguliert das Blut auf dem Papier, während die Flüssigkeit klar bleibt; einzelne losgerissene Flocken von koaguliertem Eiweiss stören die weitere Analyse nicht. Nach einigen Stunden sind die im Blut vorhandenen Jodide in die Lösung diffundiert. Man bringt hierauf die Lösung in einen 100 ccm-Erlenmeyerkolben, spült das Proberöhrchen einmal mit kochendem Wasser nach und versetzt mit 2 ccm 2 n-Kalilauge, einigen Kristallen Permanganat und wenig Wasser. Nachdem man nun erhitzt und 1 Minute im Sieden erhalten hat, sind die Jodide quantitativ in Jodat übergeführt nach der Gleichung:

$$KJ + 2\,KMnO_4 + H_2O = KJO_3 + 2\,MnO_2 + 2\,KOH.$$

Dann wird tropfenweise Alkohol zugesetzt, wodurch das überschüssige Permanganat zu unlöslichem Braunstein (MnO_2) reduziert wird, worauf der Rest des Alkohols durch Kochen entfernt wird. Das Jodat wird dadurch nicht beeinflusst.

Man filtriert nun den Braunstein ab und wäscht zweimal mit heissem Wasser nach. Um ein vollständig klares Filtrat zu erhalten, ist es notwendig, ein dichtes Filter zu benutzen. Ausser den Jodiden enthält das Filtrat u. a. Nitrite, die durch Oxydation stickstoffhaltiger Bestandteile des Blutes gebildet sind. Sie müssen unbedingt entfernt werden, da sie die folgende Titration beeinflussen. Dies erzielt man durch Zusatz von 10 ccm Essigsäure und etwa 1 g Chlorammonium. Durch 5 Minuten langes Kochen werden die Nitrite in Wasser und Stickstoff zerlegt.

Nach dem Erkalten der Flüssigkeit werden einige Tropfen 5%ige Kaliumjodidlösung zugesetzt und mit Salzsäure angesäuert. Es wird dann eine der Jodatmenge entsprechende Jodmenge freigemacht, die also 6mal so gross ist als der ursprüngliche Jodgehalt der Blutprobe und die nach Zusatz einiger Tropfen Stärkelösung durch Titration mit n/250-Thiosulfatlösung[1]) ermittelt wird.

Bei besonders geringem Jodgehalt kann man zwei oder mehrere Blutproben gemeinsam oxydieren.

V. Die Mikrokjeldahlmethode.

Die Bestimmung sämtlicher stickstoffhaltiger Bestandteile des Blutes geschieht durch Verwendung einer Mikrokjeldahlmethode, welche Resultate mit einer Genauigkeit von etwa 0,002—0,003 mg liefert.

Das Prinzip des Verfahrens besteht darin, dass das nach der Behandlung des Blutes mit Schwefelsäure und einem Katalysator gebildete Ammoniak durch heissen Wasserdampf in die Vorlage übergeführt und dann jodometrisch oder azidimetrisch bestimmt wird.

---

[1]) Oder auch n/100—n/200 Thiosulfatlösung.

a) Reagenzien und Apparate.

1. **Konzentrierte Schwefelsäure.** Die zur Oxydation erforderliche Schwefelsäure soll rein sein. Sie enthält dann nur sehr wenig Ammoniak. Beim Stehen kann sie aber viel Ammoniak aus der Luft aufnehmen und unbrauchbar werden. Am besten füllt man aus der Vorratsflasche (immer mit Glasstopfen!) etwa 100 ccm in eine kleinere Flasche (ebenfalls mit Glasstopfen) und entnimmt dieser bei Bedarf die für jede Bestimmung erforderliche Menge mittels einer reinen Pipette.

2. **10%ige Kupfersulfatlösung**, die als Katalysator bei der Verbrennung verwendet wird. (Ein Zusatz von Kaliumsulfat als Katalysator ist überflüssig und aus dem Grunde nicht ratsam, weil es schwierig ist, dasselbe ammoniakfrei zu bekommen.)

3. **Gesättigte Natronlauge.** Diese stellt man sich durch Auflösen von festem Natriumhydroxyd in Wasser (am besten in einem Porzellanbecher) dar, wobei man das Ätznatron nach und nach zusetzt. Hierbei darf nur mäßige Erwärmung stattfinden und man muss öfter mit einem Glasstabe umrühren, damit das Natron nicht festbackt. Sobald kein Natron mehr in Lösung geht, wird die dickflüssige Lauge, die viel ungelöstes Natriumkarbonat (das in gesättigter Lauge unlöslich ist) enthält, durch ein Asbestfilter abgesaugt und das klare Filtrat in einer Flasche mit Gummistopfen aufbewahrt. Absolut notwendig ist diese Trennung jedoch nicht, man kann auch das Karbonat absitzen lassen und die verhältnismäßig karbonatfreie Lauge einfach abdekantieren. Das Natriumhydroxydpräparat muss rein sein.

Für die jodometrische Titration:

4. **Jodat-Schwefelsäuremischung.** Diese wird hergestellt, indem man 5,00 ccm N/10 H_2SO_4 und 20,00 ccm N/10 KJO_3 in einen 100 ccm-Messkolben bringt und Wasser bis zur Marke auffüllt. Die Lösung wird also N/200 in bezug auf Schwefelsäure. Das Jodat muss vollständig neutral reagieren.

5. **5%ige Jodkaliumlösung.** Die Lösung darf auch nach mehrtägigem Stehen nicht die geringste Gelbfärbung zeigen.

6. **N/200 Na-Thiosulfatlösung.** Wenn man diese Lösung vorrätig halten will, verdünnt man 50 ccm N/10 Thiosulfatlösung mit ausgekochtem und durch ein Natronkalkrohr vor der Luftkohlensäure geschütztem Wasser auf 1 Liter, setzt den Stopfen auf und schüttelt um. Inzwischen hat man eine braune 1-Literflasche mit einem doppelt durchbohrten Stopfen versehen, die ein Natronkalkrohr und ein dünnes, bis zum Boden der Flasche reichendes Glasrohr trägt, welches oben umgebogen und luftdicht mit einer in $1/20$ ccm geteilten 10 ccm-Bürette verbunden ist. Die Bürette ist zum Schutz vor der Aussenluft gleichfalls mit einem Natronkalkrohr versehen. Dieses zweite Natronkalkrohr trägt einen Gummi-

schlauch, durch den man die Thiosulfatlösung in die Bürette einsaugen kann. Ein Quetschhahn zwischen der Vorratsflasche und der Bürette verhindert, dass die Lösung zurückfliesst. Die Bürette ist mittels eines Metallbügels an dem Flaschenhals befestigt. Nachdem die Thiosulfatlösung in die Flasche übergeführt worden ist, dichtet man überall mit festem Paraffin ab, so dass die Luft nur durch die Natronkalkröhren mit der Lösung in Berührung kommen kann. Die Bürette soll immer mit Thiosulfatlösung gefüllt sein. In dieser Weise bereitete und aufbewahrte Thiosulfatlösung hält ihren Titer gewöhnlich recht lange unverändert bei. Leider kommt es aber gelegentlich vor, dass der Titer sich rasch ändert. Es ist daher sicherer, die N/200-Thiosulfatlösung in geringeren Mengen für den augenblicklichen Bedarf frisch zu bereiten; in diesem Falle bedient man sich einer Mikrobürette. Tatsächlich ist eine solche Lösung, wenn man für ihre Darstellung kohlensäurefreies Wasser benutzt, mindestens drei Tage unverändert haltbar, wenn sie in einer Flasche mit Glasstopfen aufbewahrt wird. Da eine N/10-Thiosulfatlösung (wenn sie vor der Luftkohlensäure geschützt und in einer dunklen Flasche aufbewahrt wird) sehr lange unverändert haltbar ist, ist die Darstellung der N/200-Thiosulfatlösung in dieser Weise vielleicht auch ebenso bequem. Kohlensäurefreies Wasser stellt man sich her, indem man 3—4 Liter destilliertes Wasser in einem entsprechenden Kolben eine halbe Stunde kocht. Der Kolben wird dann augenblicklich mit einem Stopfen, der sowohl ein Natronkalkrohr als auch eine Hebervorrichtung trägt, verschlossen.

7. **1%ige Stärkelösung.** Diese wird in folgender Weise bereitet. 1 g lösliche Stärke wird in einem Proberöhrchen mit etwa 10—15 ccm heissem Wasser übergossen. Nachdem man umgeschüttelt hat, erwärmt man vorsichtig über freier Flamme, bis alles gelöst ist. Darauf verdünnt man unmittelbar mit gesättigter Kaliumchloridlösung auf 100 ccm, schüttelt und filtriert wenn nötig. Diese Stärkelösung ist haltbar. Sie darf jedoch nur so lange verwendet werden, als sie mit einem Tropfen sehr verdünnter Jodlösung rein blaue Farbe gibt. Nach längerem Stehen erhält man mit derselben eine violette bis rotviolette Farbe; in diesem Falle ist sie nicht mehr brauchbar.

Für die azidimetrische Titration:

8. **N/100-HCl.**

9. **N/100-NaOH.** Diese soll karbonatfrei sein und wird durch Verdünnung von gesättigter Lauge mit kohlensäurefreiem Wasser bereitet. Die Lösung muss vor der Luftkohlensäure geschützt werden.

10. **Methylrotlösung** 1/10000 in 90% Alkohol.

11. **Der Destillationsapparat** ist in Abb. 5 abgebildet. Der Wasserdampf wird in der 500—1000 ccm fassenden Kochflasche entwickelt.

Sie ist mit einem doppelt durchbohrten Korkstopfen verschlossen, durch den zwei Glasrohre führen. Das eine ist ein Steigrohr, das bis zum Boden der Flasche reicht und 3—4 dm über den Korkstopfen emporragt. Das andere

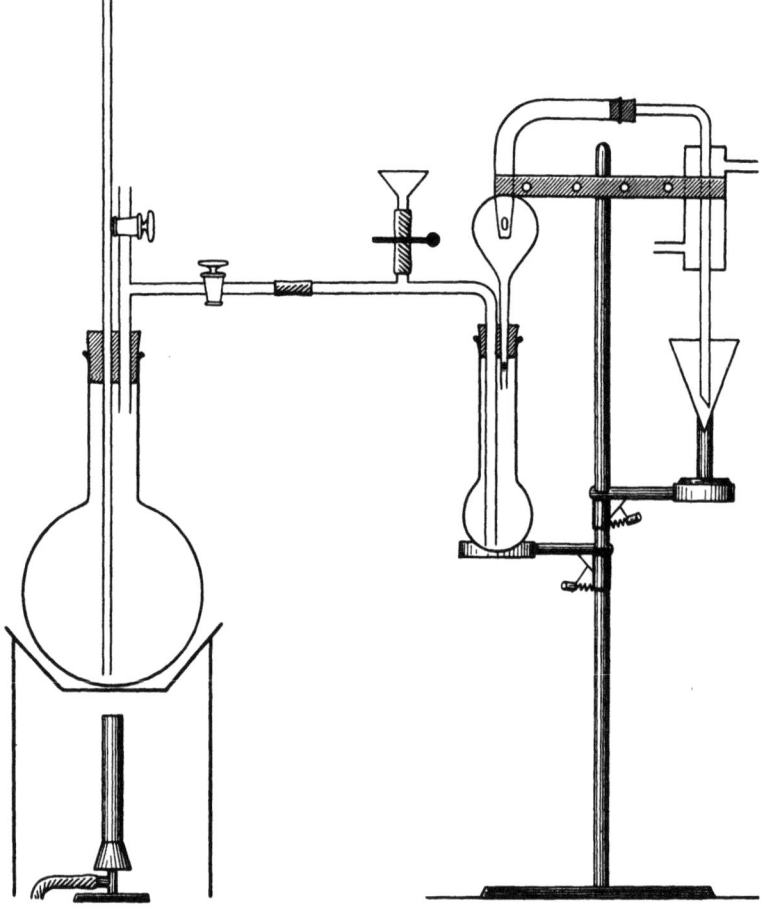

Abb. 5.

ist ein mit zwei Hähnen versehenes T-Rohr, von dessen Schenkeln der eine nahe unter dem Korkstopfen endet, der andere frei mündet und der dritte mittels eines Gummischlauches mit einem zweiten Glasrohr verbunden ist. (Der frei mündende Schenkel dient als Auspuff für den Dampf, wenn dieser nicht für die Destillation in Anspruch genommen wird.) Das genannte zweite Glasrohr leitet den Wasserdampf bis auf den Boden des Kjeldahlkolbens. Dieses Glasrohr ist unten schief abgeschliffen. Der Kjeldahlkolben trägt ausserdem ein Destillationsrohr mit einer Vorrichtung zur Verhütung des Überspritzens der Lauge. Der nach Hopkins konstruierte Tropfenfang wirkt so ausgezeichnet, dass dieser Übelstand nicht eintritt. Oben ist das Destillationsrohr etwa rechtwinklig gebogen und mittels eines

Gummistopfens[1]) mit einem ebenfalls umgebogenen Röhrchen aus Silber oder Quarz (nicht aus Glas!) verbunden, das einen kleinen Kühler trägt. Das Destillationsrohr ist gleichfalls unten schief abgeschliffen. Es taucht in ein etwa 20 ccm fassendes Spitzglas, das auf einem Stativ steht, welches mittels einer federnden Einrichtung leicht gehoben und gesenkt werden kann. Um die Lauge in den Kjeldahlkolben einzuführen, ist das Glasrohr, welches zum Einleiten des Wasserdampfes in den Kjeldahlkolben dient, mit einem kleinen Seitenrohr versehen, das durch einen dickwandigen Gummischlauch mit einem kleinen, 3 ccm fassenden Trichter verbunden ist. Die ganze Apparatur wird vorschriftsmäßig von der Firma R. Grave, Stockholm, hergestellt und geliefert.

b) Die Ausführung der Bestimmung.

1. Die Verbrennung. — Nach Überführung des zu analysierenden Materials — am besten in gelöstem Zustande — in einer Menge, die für gewöhnliche Bestimmungen einige Hundertstel Milligramme Stickstoff enthalten soll, in einen gereinigten, 50 ccm fassenden, langhalsigen Kjeldahlstehkolben setzt man 1 ccm reine, konzentrierte Schwefelsäure zu[2]). Enthält die Lösung der zu analysierenden Substanz an und für sich keinen Katalysator, so setzt man ausserdem ein paar Tropfen 10%ige Kupfersulfatlösung hinzu. (Bei der Bestimmung des Reststickstoffes erübrigt sich der Zusatz von $CuSO_4$, da die Phosphormolybdänsäure selbst ein vorzüglicher Katalysator ist.) Man erhitzt nun anfangs vorsichtig, bis alles Wasser verjagt ist, und später etwas stärker, bis die Lösung farblos oder rein grüngefärbt erscheint und sodann noch etwa 5 Minuten. Dann lässt man erkalten, setzt etwa 10 ccm Wasser hinzu und schüttelt einige Male um, bis sich eine eventuell gebildete Fällung wieder gelöst hat.

2. Das Überdestillieren des Ammoniaks. Der Destillationsapparat muss (täglich) vor dem Gebrauche während etwa 15 Minuten durch strömenden Wasserdampf gereinigt werden. Ist dies geschehen, so wird der Kjeldahlkolben, nachdem er vollständig erkaltet ist, mit dem Destillationsapparat verbunden, ausserdem die bewegliche Stativplatte darunter befestigt und ein Spitzglas mit 2 ccm Titriersäure (die bei der jodometrischen Bestimmung Jodat enthält) unter das Abflussrohr des Apparates gestellt. Die Spitze des Rohres soll zu Beginn der Destillation in die Titriersäure eintauchen. Nun wird Natronlauge (3 ccm genügen, wenn bei der Verbrennung 1 ccm

---

[1]) Alter Gummi gibt etwas NH_3 ab, darum öfters erneuern!

[2]) Man kann auch etwas mehr (1½ oder 2 ccm) Säure verwenden. Dadurch wird die Gefahr des Zerspringens der Kjeldahlkolben bei der Verbrennung vermindert Nur muss man dann bei der nachfolgenden Alkalisierung einen entsprechenden Mehrbetrag von Natronlauge verwenden.

Schwefelsäure verwendet worden ist) durch den Trichter einlaufen gelassen. Schon vorher ist der mit angesäuertem, destilliertem Wasser dreiviertel gefüllte Kochkolben zum lebhaften Kochen des Inhaltes erhitzt worden[1]). Jetzt wird der Hahn des zum Kjeldahlkolben führenden Schenkels des T-Rohres geöffnet und der Hahn des frei in die Luft mündenden Schenkels, durch welchen der Dampf vorher entwichen ist, geschlossen. Die Wasserleitung zu dem kleinen Kühler wird vorher geöffnet; man kühlt möglichst stark. Nach zwei Minuten langem Sieden senkt man das Spitzglas, bis die Spitze des Abflussrohres leicht zugänglich ist, spritzt diese mit 1—2 ccm kohlensäurefreiem Wasser ab und prüft mit Lackmuspapier, ob alles Ammoniak übergegangen ist. Dies ist bei richtiger Ausführung immer der Fall, wenn nicht mehr als 0,1 mg Stickstoff zu bestimmen ist. Zeigt sich keinerlei Andeutung einer Blaufärbung, so lässt man noch 10 Tropfen übergehen und stellt dann die Hähne des T-Rohres so, dass der Dampfstrom durch den Kjeldahlkolben abgebrochen wird und der Dampf wieder frei in die Luft ausströmt. Reagieren die übergehenden Tropfen noch alkalisch, so spült man das Lackmuspapier mit Wasser in das Spitzglas ab und setzt die Destillation weiter fort, wobei es gleichgültig ist, ob man dabei das Röhrchen in die Titrierflüssigkeit eintauchen lässt oder nicht.

Von grosser Wichtigkeit ist, dass der Kochkolben stark erhitzt wird. Nur in diesem Falle geht das Ammoniak rasch über. Im entgegengesetzten Falle geht die Destillation so langsam vor sich, dass man schwer feststellen kann, wann sie beendigt ist. Das Ammoniak geht in diesem Falle in so geringer Konzentration über, dass man mit Lackmuspapier überhaupt keine Reaktion erhält. Das Glasrohr für die Wasserdampfzuleitung muss bis zum Boden des Kjeldahlkolbens reichen, da sonst das Ammoniak ebenfalls langsamer ausgetrieben wird. — Damit die Mündung des Abflussrohres zu Beginn der Destillation in die Titrierflüssigkeit eintaucht, darf das untere Ende dieses Rohres nicht zu schräg abgeschnitten sein und der Boden des Spitzglases nicht abgerundet, sondern ganz scharf zugespitzt sein. Die 2 ccm der Titrierflüssigkeit in dem Spitzglase sollen nicht unnötigerweise mit Wasser verdünnt werden, denn je kleiner das Volumen der Titrierflüssigkeit ist, desto schärfer wird der Umschlag bei der nachfolgenden Titration.

Am besten überzeugt man sich durch eine vorherige Destillation mit bekannten Mengen Ammoniak, ob der Apparat richtig funktioniert. Zu diesem Zweck stellt man sich eine Lösung von Salmiak oder Ammoniumsulfat dar, deren Gehalt man am besten durch eine Makrokjeldahlbestimmung feststellt. (Hierzu kann dieselbe Apparatur verwendet werden,

---

[1]) Für gleichmäßiges Kochen, was unbedingt notwendig ist, sorgt man durch Zusatz von Siedesteinen. Empfehlenswerte Siedesteine stellen gut ausgeglühte Bimssteine dar. Auch Glasperlen können verwendet werden.

nur gibt man in die Vorlage 5—10 ccm n/10-Lauge und bestimmt das Ammoniak azidimetrisch.)

Im Laufe einer Stunde kann man bequem 10 Destillationen ausführen.

3. Die Titration. Das überdestillierte Ammoniak kann entweder jodometrisch oder azidimetrisch bestimmt werden. Die grösste Genauigkeit erreicht man auf jodometrischem Wege. Die azidimetrische Titration steht jedoch der jodometrischen an Genauigkeit nicht viel nach. Da sie sich technisch einfacher gestaltet als die jodometrische Titration dürfte sie in manchen Untersuchungen vorzuziehen sein.

a) Die jodometrische Titration. — Bekanntlich verläuft die Reaktion nach der Gleichung:

$$5 \, KJ + KJO_3 + 6 \, HCl = 6 \, KCl + 3 \, H_2O + 6 \, J$$

grösstenteils momentan, stellt sich aber schliesslich nur langsam auf ein Gleichgewicht ein. Die Zeit spielt also eine wichtige Rolle. Titriert man unmittelbar nach der Mischung der Salze und der Säure bei Gegenwart von Stärke bis farblos, so erfolgt rasch wieder Blaufärbung.

Ausserdem ist das Flüssigkeitsvolumen von Bedeutung. Arbeitet man mit einem geringeren Volumen, so tritt das Gleichgewicht schneller ein als bei Verwendung eines grösseren.

Aus diesem Grunde ist es wichtig, dass man mit einem soweit wie möglich konstanten Volumen arbeitet und eine bestimmte Zeit nach dem Zusatz des Jodid-Jodatgemisches abwartet. Titriert man zu früh, so ist die Reaktion noch nicht beendet und wartet man zu lange, so geht etwas Jod verloren. Dank der Einführung des Spitzglases braucht man ausser der Titriersäure kein Wasser zuzusetzen. Selbst bei Verwendung von 1 ccm Schwefelsäure taucht die Spitze des Destillationsrohres vollständig in die Säure ein. Weiter ist eine konstante Destillationszeit, nämlich zwei Minuten, vorgeschrieben. Also geht immer eine annähernd gleiche — und dabei kohlensäurefreie — Wassermenge über. Unter diesen Umständen ist die ganze Jodmenge fünf Minuten nach der Mischung der Salze und der Säure in Freiheit gesetzt, nach welcher Zeit die Titration auszuführen ist. Wartet man länger, dann geht Jod verloren. Dieser Übelstand lässt sich aber auch vermeiden. Ein Überschuss von ~~Jodkalium~~ verhindert das Entweichen des Jods. (Auch durch Auflegen eines Uhrglases auf das Spitzglas kann man die Verflüchtigung des Jods verhindern.) — Zu dem Inhalt der Vorlage[1]) werden folglich, nachdem das Ammoniak überdestilliert ist, 2 ccm 5% Jodkaliumlösung gefügt und ein Uhrglas über das Spitzglas gelegt. Etwa 5 Minuten später setzt man 2 Tropfen Stärkelösung hinzu und titriert bis

---

[1]) Man kann natürlich auch das Jodat für sich zusetzen — man fügt dann 0,1 ccm einer 4%-Kaliumjodatlösung zu 2 ccm n/200-H_2SO_4 in dem Spitzglase —, die Verwendung der fertigen Lösung von Jodat in n/200-H_2SO_4 ist jedoch bequemer.

farblos. Nach einer Viertelstunde fängt die Flüssigkeit an nachzublauen, was jedoch nicht berücksichtigt wird. Sollte dagegen in den ersten Minuten nach der Titration eine solche Nachblauung eintreten, so muss man die Titration weiter fortsetzen und den nachträglichen Verbrauch zu dem ersten zuzählen.

Wie aus der Gleichung hervorgeht, wird eine dem Überschuss an Säure äquivalente Menge Jod in Freiheit gesetzt und letztere durch Titration mit Thiosulfatlösung ermittelt. Die Differenz zwischen der vorgelegten Menge Säure und der verbrauchten Thiosulfatlösung entspricht, falls dieselben gleiche Normalität besitzen, der vorhandenen Menge Ammoniak, ausgedrückt in derselben Normalität.

Es ist für die meisten Bestimmungen erforderlich, das Ammoniak mit einer Genauigkeit von 0,001—0,003 mg, berechnet auf Stickstoff, zu bestimmen. Bei Verwendung von n/100-Lösungen von Säure und Thiosulfat entspricht 0,01 ccm 0,0014 mg Stickstoff, was also genügt. Es ist jedoch nicht selten erwünscht, eine noch grössere Genauigkeit zu erzielen. Tatsächlich gibt auch 0,01 ccm einer n/200-Thiosulfatlösung einen genügend scharfen Farbenumschlag. Infolgedessen sollen n/200-Lösungen von Säure und Thiosulfat zur Verwendung kommen.

Zum Abmessen der Säure muss man sich, um Ungenauigkeiten zu vermeiden, einer Vollpipette von 2 ccm bedienen. Der Fehler im Abmessen beträgt dann kaum 0,01 ccm, entsprechend 0,0007 mg Stickstoff. (Siehe auch Seite 15). Auch eine **automatische Pipette** (siehe Seite 48) kann bei diesem Abmessen guten Dienst leisten. — Die Thiosulfatlösung lässt man aus einer Mikrobürette zufliessen.

Gegenüber Thiosulfat besitzt **arsenige Säure** gewisse Vorteile. Eine n/10-Lösung derselben ist unbegrenzt haltbar. Nach Verdünnung auf n/200 hält sich die Lösung mindestens eine Woche unverändert. Bekanntlich muss aber die bei der Titration gebildete Arsensäure neutralisiert werden, aus welchem Grunde man Natriumbikarbonat oder in neuerer Zeit Dinatriumphosphat zusetzt. Zweckmäßig hat sich folgende Anordnung erwiesen: 10 g Dinatriumphosphat (nach Sörensen mit 2 Molekülen Kristallwasser), 1 ccm 25%ige Salzsäure und 5 ccm n/10-Arsenigsäurelösung bringt man in einen 100 ccm-Messkolben. Nach Zusatz von Wasser bis zu vollständiger Auflösung des Phosphates füllt man mit Wasser bis zur Marke auf und schüttelt um. (Noch praktischer ist es jedenfalls, die mit Salzsäure versetzte Phosphatlösung vorrätig zu halten und die Arsenigsäurelösung einfach damit zu verdünnen.) Diese Lösung wird in die Mikrobürette übergeführt. Die Vorteile derselben gegenüber Thiosulfat sind folgende: Sie ist länger haltbar. Kohlensäure wirkt nicht auf sie ein. Schliesslich ist der Endpunkt noch schärfer zu erkennen als bei Thiosulfat, da die blaue Färbung bis zum Umschlag stärker hervortritt. Auf der anderen Seite verläuft die Reaktion mit Thiosulfat rascher als mit arseniger Säure. Man muss also mit letzterer etwas langsamer titrieren. Dies ist jedoch bei einiger Übung nicht von Bedeutung. Da die Arsenigsäurelösung überhaupt weniger Vorsicht erfordert und, wie gesagt, haltbarer ist, verdient sie vielleicht den Vorzug.

β) Die azidimetrische Titration. Ein Tropfen der Methylrotlösung wird schon zu Beginn der Destillation zu den 2 ccm n/100-H_2SO_4 in dem Spitzglas gefügt[1]). Dadurch kontrolliert man während der Destillation, ob die verwendete Säurequantität ausreicht. (Man soll sich davor hüten, zu viel von der Indikatorlösung zu verwenden, weil dadurch der Umschlag weniger scharf wird. Die Titrierflüssigkeit soll zu Beginn der Titration nur schwach rosa Farbe haben.) Nach Beendigung der Destillation wird die überschüssige Säure direkt mit n/100-NaOH unter Verwendung einer Mikrobürette titriert. Die Titration soll rasch durchgeführt werden. Wenn soviel Lauge zugefügt ist, dass die Farbe sich zu ändern beginnt, wird anfänglich jedesmal 0,02 ccm und schliesslich nur 0,01 ccm zugesetzt. Der Endpunkt ist erreicht, sobald die Farbe bei Zusatz von 0,01 ccm Lauge in rein gelb umschlägt. Der Umschlagspunkt ist bei 0,01 ccm der n/100-Lauge unzweideutig. Die Farbe geht sehr bald in gelbrot zurück, was jedoch nicht berücksichtigt wird. Da 0,01 ccm von n/100-Lösungen von Säure und Lauge 0,0014 mg Stickstoff entspricht, wird also eine grosse Genauigkeit auch bei der azidimetrischen Titration erreicht. Sie kann daher in manchen Untersuchungen ebensogut wie die jodometrische Titration verwendet werden und ist ganz besonders für den klinischen Gebrauch zu empfehlen. — Die Differenz zwischen der vorgelegten Säuremenge und der verbrauchten Lauge entspricht der vorhandenen Menge Ammoniak, ausgedrückt in n/100-Normalität.

Handelt es sich um Stickstoffmengen von 0,5—2,0 mg, so verwendet man besser 1—2 ccm n/10-Säure als Vorlage und bestimmt den Stickstoff immer azidimetrisch.

Infolge der oben besprochenen Vorsichtsmaßregeln sind die Versuchsfehler bei der Verbrennung, Destillation und Titration auf ein Minimum reduziert. Ein Versuchsfehler muss aber noch berücksichtigt werden, nämlich die Verunreinigung der Reagenzien und Geräte mit aus der Luft stammendem Ammoniak. Dieser Versuchsfehler erreicht bisweilen eine solche Höhe, dass er die Analyse vollständig unbrauchbar machen kann. Glücklicherweise ist diese Fehlerquelle nicht schwer zu vermeiden, wenn man ihr einige Aufmerksamkeit schenkt.

Im chemischen Laboratorium bemerkt man, dass Geräte, die einige Zeit an der Luft gestanden haben, mit einer feinen, grauen Staubschicht

---

[1]) Über das Abmessen der Titriersäure siehe unter a)

bedeckt sind. Der Staub besteht gewöhnlich grösstenteils aus Salmiak. Das Ammoniak und die Salzsäure, welche die Luft verunreinigen, verbinden sich zu feinen Teilchen von Salmiak, die nach und nach jede freie Oberfläche bedecken. Alle Kolben, Destillationsapparate, Pipetten, Bechergläser, Reagenzgläser, ebenso alles Filterpapier enthalten nach einiger Zeit eine feine Schicht von Salmiakstaub. Ursprünglich stickstoffreies Papier gibt auch nach Aufbewahrung in einer Schublade nach recht kurzer Zeit eine positive Nesslersche Reaktion, sogar auch dann, wenn es in Schachteln oder Gefässen mit Glasdeckeln aufbewahrt wird. Auch der Inhalt von mit Korkstopfen verschlossenen Flaschen wird nach und nach ammoniakhaltig und sogar in destilliertem Wasser, das in einem Glasballon mit Hebervorrichtung aufbewahrt wurde, konnte nach einiger Zeit Ammoniak nachgewiesen werden.

Zur Verhütung dieser Verunreinigung muss man vor allem die Zimmerventilation fördern. Ferner öffne man in dem Arbeitszimmer und in seiner Nähe keine Ammoniakflasche. — Die Luft, die mit dem destillierten Wasser und den Lösungen in Berührung kommt, soll einen nicht zu kleinen Wattebausch passieren; dadurch allein bleiben die Flüssigkeiten monatelang ammoniakarm. Schliesslich sollen sämtliche Geräte wie Reagenzgläser, Kjeldahlkolben usw. kurz vor dem Gebrauche mit destilliertem Wasser gereinigt werden. Der Destillationsapparat muss, wie oben gesagt, täglich einmal vor dem Gebrauche ausgedämpft werden. Man versäume nicht, den Trichter des Destillationsapparates vor dem Gebrauch mit Wasser zu spülen. Man benutze überhaupt keinen Gegenstand, der einige Zeit an der Laboratoriumluft gestanden ist, ohne vorherige Reinigung und achte immer darauf, dass die Flaschen mit Lösungen nicht offen stehen bleiben. Die Papiere zur Blutanalyse müssen öfters mit Nesslerschem Reagenz geprüft werden. Überhaupt hat man in dem Nesslerschen Reagenz ein einfaches Mittel zur Kontrolle aller Geräte und Reagenzien auf Reinheit. So ist diese Fehlerquelle, wenn man nur einmal auf sie aufmerksam gemacht ist, unschwer zu vermeiden.

Blindversuche werden am besten täglich angestellt. Die dabei in den Reagenzien gefundene Stickstoffmenge ist von der bei der Blutanalyse gefundenen Stickstoffmenge abzuziehen. Gewöhnlich entspricht jene etwa 0,10 ccm Säure = 0,007 mg N.

VI. Die Bestimmung des Reststickstoffs.

Der physiologische Gehalt des Blutes an Reststickstoff beträgt etwa 20—30 mg in 100 g Blut. 100 mg Blut enthalten folglich 0,02—0,035 mg Reststickstoff, eine Menge, die sich mit einem Fehler von etwa 10% nach der Mikromethode bestimmen lässt. Da dieser Fehler recht wenig bedeutet, kann man sich mit einer Analyse begnügen. Besser ist jedoch die Analysen doppelt auszuführen und dies um so mehr, als zwei Analysen nur unbedeutend mehr Zeit erfordern als eine.

Die Voraussetzung der ganzen Methode ist eine exakte Trennung des Reststickstoffs von dem Bluteiweiss. Es ist infolgedessen notwendig, dass das zu diesem Zweck angewandte Reagenz das Eiweiss quantitativ ausfällt und dass andererseits die Extraktivstoffe vollständig in Lösung gehen. Die erste Forderung ist, soweit es sich um die gewöhnlichen Eiweisskörper des Blutes, Hämoglobin, Albumin und Globulin handelt, leicht zu erfüllen. Ganz anders verhalten sich aber die Albumosen und Peptone, welche von Quecksilberchlorid in salzsaurer Lösung, von Metaphosphorsäure und von Trichloressigsäure sowie durch Kochen gar nicht oder nur unvollständig gefällt werden. Tatsächlich haben eingehende Versuche gezeigt, dass nur zwei Fällungsmittel alle berechtigten Forderungen erfüllen, nämlich Phosphormolybdänsäure in schwefelsaurer Lösung sowie Uranylazetat (bzw. -chlorid). Vollständig gleichwertig sind sie zwar nicht, da bald das eine, bald das andere Fällungsmittel zu kleine Werte finden lässt. In bezug auf die Abscheidung von Albumosen und Peptone ist die Phosphormolybdänsäure dem Uranylazetat überlegen. Echte Peptone werden jedoch von diesen beiden Reagenzien nicht vollständig gefällt. Höchstwahrscheinlich kommen aber echte Peptone in nennenswerter Menge im Blute nicht vor. Andererseits haben Versuche mit Aminosäuren (und Diaminosäuren) ergeben, dass dieselben von Phosphormolybdänsäure unter den gegebenen Versuchsbedingungen nicht gefällt werden.

Die Phosphormolybdänsäure wird in Form einer 0,5%-igen Lösung verwendet. Der Schwefelsäuregehalt des Reagenz soll 1,5% betragen. Obwohl hierdurch die Eiweisskörper quantitativ gefällt werden, haften dieselben schlecht an dem Papier. Ein Zusatz von 0,5% Natriumsulfat verhindert diesen Übelstand. Schliesslich werden auf 2 Liter Lösung 0,5 g Traubenzucker zugegeben. Der Zucker verkohlt, und bei der Verbrennung der Kohle wird fortwährend Wasser gebildet, welcher Umstand die Ammoniakbildung befördert. Ein Liter der Extraktionsflüssigkeit enthält also:

5 g Phosphormolybdänsäure, 15 g Schwefelsäure, 5 g Natriumsulfat und 0,25 g Dextrose.

Darstellung der Extraktionsflüssigkeit: Man geht am besten von phosphormolybdänsaurem Natrium aus. Das Salz ist jedoch immer ammoniakhaltig. Deswegen werden 10 g desselben und 10 g Glaubersalz mit etwa 150 ccm Wasser unter Zusatz von 15—20 Tropfen 25%-iger Natronlauge in einer Porzellanschale zum Kochen erhitzt und 15 Minuten im Sieden erhalten. Nach dem Erkalten bringt man die Salzlösung in einen 2-Liter-Messkolben, spült mit Wasser nach und fügt vorsichtig 30 g (= 16 ccm) konzentrierte Schwefelsäure (Merck) hinzu. Schliesslich werden 0,5 g Traubenzucker zugegeben. Man füllt am besten mit frisch destilliertem Wasser bis zur Marke auf und giesst die Lösung in eine Flasche mit Hebervorrichtung oder mit Abflusshahn. Um vor Verunreinigungen aus der Luft zu schützen, lässt man die Luft vor ihrem Zutritt in die Flasche einen Wattebausch oder Wasser passieren.

Die zur Bestimmung des Reststickstoffs benutzten Papierstückchen werden, wie S. 11 angegeben, vorbereitet.

Für den Fall, dass man die Lösung nach der Extraktion des Blutes filtrieren will, benutzt man einen kleinen, 3 ccm fassenden Trichter und wäscht das Filter 3—4mal mit destilliertem Wasser aus. Falls das Filter nicht zu stark mit Salmiak verunreinigt war, ist es nun ammoniakfrei. Da die Filtration und das Auswaschen nur ganz kurze Zeit und keine grössere Flüssigkeitsmenge erfordert, soll bei Blutanalysen regelmäßig eine solche Filtration vorgenommen werden. Man hat dann die unbedingte Gewissheit, dass keine Spur von Eiweiss mitgerissen worden ist.

Die Ausführung der Mikrobestimmung.

100—120 mg Blut werden in ein Papierstückchen von bekanntem Gewicht eingesaugt und gewogen. Dann lässt man das Papier etwa 5 Minuten an der Luft trocknen, bringt es in ein reines, trockenes Proberöhrchen und setzt so viel von der Phosphormolybdänlösung zu, dass dieselbe 3—4 mm über dem Papier steht. Je höher die Flüssigkeit über dem Papier steht, um so besser haftet das Eiweiss. Möglichst engwandige Proberöhrchen sind deswegen vorzuziehen.

Nach mindestens einstündigem Stehen ist die Extraktion beendet (doch kann man auch 24 Stunden warten) und die Lösung kann in den Kjeldahlkolben abfiltriert werden. Nach dem Abgiessen der Lösung setzt man ungefähr die gleiche Menge destilliertes Wasser zu dem Papier und giesst dieses, gleichfalls durch das Filter, in den Kolben. Nach Zusatz von 1—2 ccm konzentrierter Schwefelsäure (s. S. 25) schüttelt man um und erhitzt zunächst mit kleiner Flamme, bis alles Wasser verjagt ist, und darauf etwas stärker. Wenn vollständige Entfärbung eingetreten ist, wird noch etwa 5 Minuten lang erhitzt, dann lässt man abkühlen und setzt etwa 10 ccm destilliertes Wasser hinzu. Nachdem das Gemisch wiederum erkaltet ist, fängt man mit der Destillation an. Auf Zusatz von Lauge zur Flüssigkeit im Kjeldahlkolben soll dessen Inhalt vorübergehend gelb und später farblos werden. Bleibt die Gelbfärbung bestehen, so ist dies ein Zeichen dafür, dass zu wenig Lauge zugesetzt worden ist. Ist der Inhalt des Kjeldahlkolbens beim Zusatz der Lauge noch warm, dann tritt eine so starke Wärmeentwicklung ein, dass derselbe plötzlich in die Titriersäure überkochen kann. Gewöhnlich braucht man nur 1—2 ccm n/100- oder n/200-Schwefelsäure vorzulegen (bei klinischem Gebrauch ist 2 ccm n/100 Schwefelsäure zu empfehlen!), bei höherem Reststickstoffgehalt entsprechend mehr. Die Titration wird wie oben angegeben jodometrisch oder azidimetrisch ausgeführt. Glaubt man — bei der jodometrischen Bestimmung —, dass die Säure nicht ausgereicht hat, so setzt man nach beendigter Destillation einen Tropfen Methylrotlösung hinzu. Schlägt dabei die Farbe in gelb um, so muss mehr Säure zugesetzt werden. Der Farbenumschlag geht dann nicht von blau in farblos, sondern in gelb über.

Blindversuche werden am besten täglich ausgeführt und der gefundene Gesamtstickstoffgehalt des Papiers und der Lösungen als Korrektur angebracht.

Beispiel der Berechnung: Gewicht des Blutes 105 mg. Bei der Titration vorgelegt 2 ccm n/100-H_2SO_4, zum Zurücktitrieren verbraucht 1,60 ccm n/100-NaOH. Zum Zurücktitrieren der Blindprobe verbraucht 1,88 ccm n/100-NaOH. Durch NH_3 aus dem Blute neutralisierte n/100-H_2SO_4 0,28 ccm (1,88—1,60). Rest-N in der angewandten Menge (105 mg) 0,14 × 0,28 = 0,0392 mg N, in 100 mg Blut also 0,037 mg N oder in 100 g Blut 37 mg Rest-N.

VII. Die Mikrobestimmung des Harnstoffs.

Die qualitativ und quantitativ wichtigsten Bestandteile der stickstoffhaltigen Extraktivstoffe des Blutes sind die Aminosäuren und der Harnstoff. Ihre physiologische Bedeutung ist aber durchaus verschieden.

Die Aminosäuren sind die wichtigsten hydrolytischen Abbauprodukte der stickstoffhaltigen Nährstoffe. Harnstoff ist das wichtigste Endprodukt bei der Verbrennung dieser Nährstoffe. Die Aminosäuren werden durch das Blut zu den Zellen hingeführt, der Harnstoff wird durch das Blut entfernt. Die Bestimmung des gesamten Extraktivstickstoffs allein, die beide Gruppen umfasst, gestattet demnach keinen tieferen Einblick in den Eiweißstoffwechsel, sofern es sich nicht um besondere Verhältnisse handelt, unter denen eine bedeutende und einseitige Vermehrung der einen oder der anderen Komponente stattgefunden hat. Dies ist jedoch fast immer bei der klinischen Verwendung der Methode der Fall. Für die Untersuchung des Blutes von Patienten mit Nephritis ist es praktisch gleichgültig, inwieweit man den genannten Reststickstoff oder den Harnstickstoff allein bestimmt. Eine Vermehrung des Reststickstoffs lässt in diesem Fall auf eine Vermehrung des Harnstoffgehaltes schliessen. Da die Bestimmung des Reststickstoffes viel weniger Zeit erfordert als die Harnstoffbestimmung, eignet sich die erstere entschieden besser für klinische

Untersuchungen. Nichtsdestoweniger ist es für viele Zwecke erwünscht, die Mikrobestimmung des Gesamt-Reststickstoffes mit einem Verfahren zu verbinden, das den Harnstoff und die Aminosäuren getrennt zu ermitteln gestattet. Ein solches Verfahren ist in Anlehnung an die von Mörner und Sjöquist angegebene Methode zur Harnstoffbestimmung im Urin ausgearbeitet worden.

Um den Harnstoff von den übrigen Blutbestandteilen quantitativ zu trennen, hat sich die Extraktion mit einer Mischung von gleichen Teilen absoluten Alkohols und Äthyläther (pro narcosi) als geeignet erwiesen. Die Löslichkeit des Harnstoffes in diesem Gemisch ist zwar gering, aber sie reicht für den vorliegenden Zweck vollkommen aus, da 10 ccm bei Zimmertemperatur 132 mg Harnstoff zu lösen vermögen. Von den übrigen Bestandteilen des Blutes sind die Aminosäuren und die meisten Harnbestandteile, die zudem in sehr geringer Menge vorkommen, in der Mischung vollkommen unlöslich. Dagegen gehen die Phosphatide des Blutes quantitativ in Lösung; der gesamte in ihnen vorhandene Stickstoff beträgt jedoch kein Tausendstel-Milligramm.

So einfach diese Bestimmung auch im Prinzip ist, so muss man bei der praktischen Ausführung doch bestimmte Einzelheiten sorgfältig berücksichtigen, um gewisse Schwierigkeiten zu umgehen. Nachdem die Blutproben in das Papier eingesaugt, gewogen und in Proberöhrchen gebracht worden sind, setzt man gleich so viel Äther-Alkohol hinzu, dass die Flüssigkeit einige Millimeter über dem Papier steht. Dann verschliesst man das Röhrchen mit einem Stopfen und lässt es mindestens 5, besser jedoch 24 Stunden stehen. Die Diffusion des Harnstoffes geht sehr langsam vonstatten. Hat man mehr als etwa 130 mg Blut abgewogen, dann verläuft die Extraktion überhaupt nicht ganz quantitativ! Nach dem Stehen giesst man die Lösung in einen 50 ccm-Kjeldahlkolben, wäscht mit 5 ccm Äther-Alkohol nach und bringt auch diese in den Kolben. Nach Zusatz von einem Tropfen einer Mischung von 10 g Kupfersulfat in 100 ccm 20%-iger Schwefelsäure wird der Äther-Alkohol im Wasserbade verjagt. Eine kleine Glasperle dient als Siedestein. (Cave Überkochen!) Nachher werden 1—2 ccm konzentrierte Schwefelsäure sowie einige ccm Wasser zugesetzt und man verbrennt in üblicher Weise. Von den gefundenen Werten hat man die Korrektur für den Stickstoffgehalt der Lösungen einschliesslich des Äther-Alkohols abzuziehen.

VIII. Die Mikrobestimmung der Aminosäuren.

Wenn die Papiere nach Behandlung mit Äther-Alkohol mit Phosphormolybdänsäurelösung extrahiert werden, gehen die Aminosäuren in die Lösung über und können dann wie gewöhnlich bestimmt werden. Eine Extraktionszeit von einer Stunde genügt, doch kann man auch länger extrahieren. Tatsächlich gehen nicht nur die Aminosäuren allein, sondern alle übrigen stickstoffhaltigen Extraktivstoffe, die in Äther-Alkohol unlöslich sind, in die Phosphormolybdänsäurelösung über. Gewöhnlich repräsentieren aber diese zusammen nur einen verhältnismäßig geringen Teil des Aminosäurenstickstoffs. Bisweilen, besonders bei Nephritis, können sie jedoch eine recht bedeutende Rolle spielen. Man kann diesem Umstand dadurch Rechnung tragen, dass man statt von Harnstoff und von Aminosäuren, besser von einer Harnstoff- bzw. Aminosäurenfraktion spricht.

IX. Die Bestimmung des präformierten Ammoniaks.[1]
(Von Dr. Poul Iversen.)

Das Blut wird durch Papierstückchen von gleicher Form, wie sie für die Jodbestimmung verwendet werden, aufgesaugt. Man stellt sich 50 derselben, jedes von etwa 250 mg Gewicht, her, bringt sie in ein Becherglas und übergiesst mit etwa 300 ccm destilliertem Wasser von 50—70°. Nach 15 Minuten giesst man das Wasser ab, fügt neue 300 ccm Wasser und 1 ccm etwa 16%-ige Kalilauge hinzu und kocht ein paar Minuten. Nun giesst man wieder ab und wäscht die Papierstückchen erst mit schwach angesäuertem und dann mit reinem Wasser aus. Dann werden sie in einem Vakuumapparat getrocknet und im Exsikkator über Schwefelsäure aufbewahrt.

Nach dem Aufsaugen des Blutes werden die Papiere mit ungefähr derselben Uransalzlösung, wie sie für die Zuckerbestimmung Anwendung findet (siehe S. 41), extrahiert. Dieselbe muss vollständig ammoniakfrei sein und wird in folgender Weise hergestellt: 200 g Kaliumchlorid werden in zwei 1-Literkolben verteilt. In jeden Kolben gibt man etwa 500 ccm Wasser, 20 ccm 16%-ige Kalilauge und ein paar Tropfen Phenolphthalein. Man bringt das Salz durch Erwärmen in Lösung und filtriert; das Filtrat wird etwa 15 Minuten gekocht, dann abgekühlt und neutralisiert. Die Lösungen werden darauf vereinigt und noch 3 ccm 25%-ige Salzsäure zugesetzt. Von dem Uranylchlorid werden 3 g in etwa 200 ccm Wasser gelöst und filtriert. Das Filtrat wird nach Zusatz von einigen Kubikzentimetern Kalilauge etwa 10 Minuten gekocht und das ausgeschiedene Uranoxyd durch Dekantation ausgewaschen, auf einem Filter gesammelt

---

[1] Neuere, noch genauere, aber umständlichere Methoden haben noch niedrigere Werte des Ammoniakgehalts des Blutes ergeben als die Iversensche Methode. Diese Methode dürfte jedoch, wenn es gilt die während Krankheiten auftretenden oder experimentell hervorgerufenen Veränderungen des Ammoniakgehalts im Blute zu studieren, als eine verhältnismäßig bequeme und die relativen Werte mit genügender Genauigkeit wiedergebende Methode auch weiterhin gute Dienste leisten können.

und hier mit zirka 20 ccm verdünnter Salzsäure übergossen. Das Filtrat wird so oft auf das Filter gegossen, bis vollständige Lösung eingetreten ist. Die klare, gelb gefärbte Lösung wird auf dem Wasserbade eingedampft, mit Wasser aufgenommen und mit der Kaliumchloridlösung vereinigt. Schliesslich wird das Ganze mit Wasser auf 1 Liter aufgefüllt. 20 ccm dieser Flüssigkeit und 20 ccm destilliertes Wasser sollen bei einem Blindversuch zusammen höchstens 0,20 ccm n/300-Thiosulfatlösung verbrauchen.

Zur Destillation des Ammoniaks wird folgender Apparat verwendet: Ein 300-ccm-Rundkolben, der einen doppelt durchbohrten Gummistopfen trägt, wird in ein Wasserbad von 40° C gestellt. Durch die eine Bohrung des Gummistopfens geht ein oben umgebogenes Glasrohr, das bis zum Boden des Kolbens reicht. Ausserhalb des Kolbens ist es — wie bei dem Apparat für die Mikrokjeldahlbestimmung — mit einem kurzen seitlichen Ansatz versehen, der mittels eines dickwandigen Gummischlauchs einen kleinen Trichter trägt. Ein anderer dickwandiger Gummischlauch verbindet das Rohr mit einer Waschflasche mit Schwefelsäure. Beide Gummischläuche sind mit Quetschhähnen versehen. Durch die zweite Bohrung des Gummistopfens führt ein Glasrohr, welches unmittelbar unter dem Stopfen endigt. Es geht oben in einen Tropfenfang und dann in ein etwa 30 cm langes Kühlrohr über. Mittels eines kleinen Gummischlauches wird es mit einem Glasrohr, das zu der Vorlage führt, verbunden. Als Vorlage dient ein 100-ccm-Rundkolben, welcher während der Analyse in Eiswasser steht. An diese schliesst sich eine zweite Vorlage, die mit der Saugpumpe in Verbindung steht.

Die Ausführung der Ammoniakbestimmung.

Für die Bestimmung sind etwa 2 g Blut erforderlich. Das Blut kann in einen Messkolben von 25 ccm pipettiert und danach mit der Salzlösung bis zur Marke aufgefüllt werden. Der Kolben wird mitunter geschüttelt. Nach 2 Stunden filtriert man und misst 15—20 ccm des Filtrats für die Analyse ab. Einfacher ist es jedoch, das Blut in die bootförmigen Papierstückchen aufzusaugen. Für 2 g Blut sind 4 solcher Papierstückchen erforderlich. Diese werden in zwei Proberöhrchen übergeführt und je 10—12 ccm Salzlösung zugefügt. Nach 2 Stunden dekantiert man die Lösung, filtriert, wenn nötig, und wäscht mit ein paar ccm Wasser nach.

Die Flüssigkeit, deren Volumen nicht weniger als 30 ccm sein soll, wird in den Destillationskolben übergeführt. In die erste Vorlage gibt man 2 ccm-n/200-Schwefelsäure, in die zweite Vorlage 10 ccm destilliertes Wasser.

Nachdem der Apparat zusammengesetzt ist und die Gummischläuche mittels der Quetschhähne abgeklemmt sind, setzt man die Saugpumpe in

Gang. Sobald ein Vakuum von 20—30 mm erreicht ist — d. h. nach ein paar Minuten — öffnet man den Quetschhahn an dem Schlauch, der zu der Waschflasche mit Schwefelsäure führt, vorsichtig so weit, dass alle 2—3 Sekunden eine Luftblase durchgeht. Die Flüssigkeit beginnt nun zu sieden. Ist der Apparat in Ordnung, dann sollen doppelt so viele Blasen durch die zweite Vorlage als durch die Waschflasche gehen. Gehen mehr Blasen hindurch, dann ist entweder der Apparat undicht, oder es wird zu stark gesaugt. Man reguliert dann das Saugen durch einen an dem zur Saugpumpe führenden Gummischlauch angebrachten Quetschhahn.

Durch den Trichter lässt man nun vorsichtig 3 ccm gesättigtes Barytwasser in den Kolben eintreten, worauf die Destillation des Ammoniaks sofort beginnt und innerhalb 12 Minuten, nachdem 8—10 ccm Wasser übergegangen sind, beendigt ist. Nur wenn die angewandte Menge Blut mehr Ammoniak enthält, als 5—6 ccm n/300-Lösung entspricht, ist es notwendig, längere Zeit zu destillieren. Nach vollendeter Destillation unterbricht man das Saugen durch Schliessen des Quetschhahnes und öffnet vorsichtig, damit von der ersten Vorlage nichts nach der zweiten überspritzt, die Verbindung zur Waschflasche. Die Vorlage wird nun herausgenommen und das zu ihr führende Glasrohr mit kohlensäurefreiem Wasser ausgespritzt. Das Gesamtvolumen soll 20 ccm betragen. Dann wird das Ammoniak in üblicher Weise jodometrisch bestimmt.

Vor der Analyse muss der Apparat gereinigt werden, indem man nach Zusatz von Wasser und Barytlösung etwa 10 Minuten destilliert. Nachher stellt man zwei Blindversuche an. Die Differenz in dem Verbrauch an n/300-Thiosulfatlösung darf nicht mehr als 0,03 ccm betragen.

X. Die Bestimmung des Gesamtstickstoffs.

Für die Bestimmung des Gesamtstickstoffs sowie des Eiweißstickstoffs genügen 20—30 mg Blut. Tatsächlich bekommt man hierdurch noch bessere Werte als bei Verwendung der üblichen Mengen von 100—120 mg. Weiter eignen sich für diese Bestimmung ganz dünne Papierstückchen aus gewöhnlichem Filtrierpapier bedeutend besser als die sonst gebräuchlichen aus Löschpapier. Die Papiere sind etwa 14 × 22 mm gross und wiegen ungefähr 20 mg. Vor dem Gebrauche werden sie mehrmals mit destilliertem Wasser ausgezogen, getrocknet und in einer Flasche mit Glasstopfen aufbewahrt. Nachdem das Blut durch das Papier aufgesogen und gewogen worden ist, wird es in den 50-ccm-Kjeldahlkolben übergeführt, in welchen man vorher 1—2 ccm konzentrierte Schwefelsäure, 1 Tropfen 10%-ige Kupfersulfatlösung sowie 2 ccm 4,5%-ige Permanganatlösung gegeben hat. Infolge der Anwesenheit des Permanganats wird die organische Substanz sehr rasch zerstört. Um Stickstoffverluste auszuschliessen, ist jedoch die Permanganatmenge so gering gewählt, dass sie allein nicht vollständig zur Oxydation ausreicht. Der Rest von Papier und Eiweiss wird durch die Schwefelsäure zerstört. Nach der Verbrennung wird der Stickstoff nach der Mikrokjeldahlmethode wie üblich bestimmt. In die Vorlage werden 2—3 ccm n/100-Schwefelsäure gebracht.

XI. Die Bestimmung der Proteine.

a) Gesamteiweiss.

Da der Reststickstoff gegenüber dem Eiweißstickstoff unter gewöhnlichen Verhältnissen in nur sehr unbedeutender Menge (weniger als 1%) vorhanden ist, kann man meistens von dieser Bestimmung absehen. Bei Reststickstoffretention, besonders bei gleichzeitiger Hydrämie, kann aber der Reststickstoff bis zu 10% des Gesamtstickstoffs ausmachen. Hier ist infolgedessen die Ermittelung beider Arten von Stickstoff nicht zu umgehen. Das lässt sich aber auch ganz einfach ausführen, indem man die bluthaltigen Papierstückchen am besten nach dem Trocknen an der Luft zuerst mit Phosphormolybdänsäurelösung mindestens 1 Stunde lang extrahiert und dann weiter, wie oben beschrieben, verfährt.

b) Albumin und Globulin.

(Nach Dr. R. Fåhraeus.)

1. Bestimmung beider zusammen. Zu dieser Bestimmung wird Serum verwendet. Man saugt etwa 150 mg Blut aus der Ohrvene oder Fingerkuppe in ein U-förmig gebogenes Kapillarröhrchen auf. (Das Kapillarröhrchen füllt sich mit dem Blut von selbst, wenn es horizontal an die Wunde gehalten wird.) Nach beendigter Koagulation wird das Röhrchen einige Minuten zentrifugiert, wodurch sich das Serum in dem oberen Teil der beiden Schenkel — etwa 30 mg in jedem — ansammelt. Man bricht das Röhrchen beiderseits an der Grenze zwischen Serum und Blutkörperchen ab und bläst vorsichtig 25—30 mg Serum auf ein Papierstückchen von bekanntem Gewicht. Dann wird das Gewicht des eingesaugten Serums festgestellt, mit Phosphormolybdänsäurelösung extrahiert und weiter wie oben verfahren.

2. Getrennte Bestimmung von Albumin und Globulin. Nachdem das Serum in das Papier eingesaugt ist, wird es sogleich, ohne es vorher zu trocknen, in einem Proberöhrchen mit gesättigter, reiner Magnesiumsulfatlösung versetzt. Man muss darauf achten, dass das Papier nicht ganz vollständig vom Serum befeuchtet wird. Nach 24 Stunden — während welcher Zeit man das Röhrchen dann und wann gelinde schüttelt — nimmt man mittels eines mit einem hakenförmigen Platindraht

versehenen Glasstabes das Papier heraus, spült es mit einigen Tropfen gesättigter Magnesiumsulfatlösung — die mit der übrigen Lösung vereinigt werden — ab und lässt so weit wie möglich abtropfen. Die letzten Reste saugt man mittels Filtrierpapiers, welches man nur vorsichtig von unten mit dem Papier in Berührung bringt, ab. Schliesslich wird das Papier in den Kjeldahlkolben, der vorher mit Schwefelsäure, Kupfersulfat und Permanganat beschickt ist, übergeführt und verbrannt. Ist das Magnesiumsulfat nicht ordentlich entfernt worden, so stösst der Kolbeninhalt bei der Verbrennung. Geringe Spuren von Salz schaden nichts. Der gefundene Stickstoff, mit 6,25 multipliziert, entspricht dem Globulin. Dieses Verfahren liefert ebenso gute Werte wie jede Makromethode.

Das Albumin ist quantitativ in die Magnesiumsulfatlösung übergegangen. Diese Lösung — etwa 8—10 ccm — wird in einem Zentrifugierrohr mit der gleichen Menge Phosphormolybdänsäurelösung versetzt und zentrifugiert. Das Eiweiss haftet nach dem Zentrifugieren fest an dem Boden des Glases. Die Lösung kann also ohne Verluste von Eiweiss abgegossen werden. Wenn nötig, wird zur Entfernung des Magnesiumsulfats nochmals Phosphormolybdänsäure zugesetzt und die Mischung wieder zentrifugiert. Schliesslich löst man den Niederschlag in einigen ccm 5%-iger Natronlauge und führt die Lösung quantitativ in den Kjeldahlkolben über. Da das Papier hier fehlt, ist der Zusatz von Permanganat überflüssig. Die Ergebnisse der Albuminbestimmung fallen etwas, obwohl nicht viel, niedriger aus als nach der Makrobestimmung. Sie sind jedoch durchaus brauchbar. Noch bessere Ergebnisse erhält man aber durch Bestimmung des Albumins und Globulins zusammen und Subtraktion des Globulinrestes von der Summe beider. Da diese Bestimmung auch viel schneller auszuführen ist, verdient sie unzweifelhaft den Vorzug. 150 mg Blut genügen für beide Bestimmungen.

c) Fibrinogen, bzw. Fibrin[1]).

Zur Bestimmung des Fibrinogens wird gewöhnliches Blut — etwa 50 mg — und dünnes Papier verwendet. Nach Aufsaugen des Blutes und nach Wägen desselben wartet man einige Minuten und extrahiert dann die übrigen Blutbestandteile mit 8—10 ccm äusserst verdünnter Lauge in der Kälte. Wenn das Papier nach einigen Minuten farblos geworden ist, wird die Lösung abgegossen und das Papier mit Wasser nachgespült. Dann verbrennt man am besten das ganze Papier zur Bestimmung des Fibrinstickstoffes. Doch kann man auch das Fibrin mittels 8—10 ccm n/100-Natronlauge, unter Erwärmen auf 30—40°, extrahieren und den Extrakt allein verbrennen.

---

[1]) Das untenstehende Verfahren kann nicht als hinreichend durchgeprüft angesehen werden, sondern ist bis auf weiteres eher als ein Hinweis auf einen für die Mikrobestimmung des Fibrins ev. gangbaren Weg zu betrachten.

d) Albumosen.

(Nach Dr. E. Wolff.)

Wie oben (S. 31) bemerkt, werden die Albumosen von vielen Eiweissreagenzien nicht gefällt. Das eigentliche Bluteiweiss wird indessen von diesen Reagenzien quantitativ gefällt. Da andererseits die Phosphormolybdänsäure alles Eiweiss fällt, ist man in die Lage versetzt, durch vergleichende Analysen den Albumosengehalt des Blutes zu bestimmen. Von den die Albumosen nicht fällenden Reagenzien hat sich die Metaphosphorsäure in Form einer 3,5-%igen Lösung am besten bewährt, da zum Blute zugesetzte Albumosen (und Peptone) sich beinahe quantitativ (genauer zu etwa 90%) in der Metaphosphorsäurelösung wiederfanden. Bei Verwendung von Phosphormolybdänsäure erhält man dagegen ziemlich genau dieselben Werte bei An- oder Abwesenheit von Albumosen. Albumosenfreies Blut gibt mit Metaphosphorsäure und Phosphormolybdänsäure identische Werte. Bekanntlich geht die Metaphosphorsäure in wässeriger Lösung nach und nach in Ortophosphorsäure über. Es hat sich aber gezeigt, dass die Metaphosphorsäurelösung jedenfalls vier Tage lang unverändert bleibt.

Ausführung der Bestimmung. — Die übliche Menge Blut wird in Papier eingesaugt und nach Feststellung ihres Gewichts noch ganz feucht mit 8—10 ccm 3,5%-iger Metaphosphorsäurelösung versetzt. Verwendet man eingetrocknetes Blut, so verläuft die Extraktion immer unvollständig. Das Proberöhrchen wird mit einem Korkstopfen verschlossen um zu verhindern, dass die Säure Ammoniak aus der Luft aufnimmt; dann lässt man es 18—24 Stunden stehen. Es kommt nicht besonders genau auf die Dauer der Extraktion an, die Probe darf aber keinesfalls 48 Stunden lang mit der Lösung in Berührung bleiben. Nun wird die Lösung, wenn nötig nach Filtration, in den Kjeldahlkolben übergeführt und mit einigen ccm destilliertem Wasser nachgespült. Darauf setzt man 2—3 Tropfen 10%ige Kupfersulfatlösung und 1 ccm Schwefelsäure hinzu und verfährt weiter, wie oben bei der Mikrokjeldahlbestimmung beschrieben. Eine Parallelprobe wird zur Bestimmung des Reststickstoffs mit Phosphormolybdänsäurelösung verwendet. Die Differenz zwischen beiden Werten, unter Anbringung der sich aus den Blindversuchen ergebenden Korrektur, entspricht dem Albumosenstickstoff. Da die Stickstoffmenge nur Hundertstel-Milligramme beträgt, muss man sich des jodometrischen Verfahrens bedienen. Extrahiert man nach der Behandlung mit Phosphormolybdänsäure das Papier zum zweiten Male mit der Metaphosphorsäurelösung, so verläuft die Extraktion nicht ganz quantitativ.

XII. Die Bestimmung des Blutzuckers.

Seit der ersten Veröffentlichung des Verfahrens (1912) sind an demselben wiederholt verschiedene mehr oder weniger durchgreifende Veränderungen gemacht worden, so dass die Methode in ihrer jetzigen Form in der Tat nicht viel mit dem ursprünglichen Verfahren gemein hat. Da die Methode in der unten dargestellten Form sowohl genauer als technisch einfacher als die älteren Varianten derselben ist, werden diese hier nicht mitgeteilt; sie können in den älteren Auflagen dieses Buches eingesehen werden.

Das Prinzip der Methode besteht darin, dass das durch den Blutzucker zu Oxydul reduzierte Kupfersulfat durch Jodsäure oxydiert und der Überschuss an Jodsäure nach Zusatz von Jodkalium durch Titration mit Thiosulfatlösung ermittelt wird. Die kupferoxydulhaltige Lösung muss sauer sein, da die Jodsäure nur in saurer Lösung Kupferoxydul oxydiert. Die übrigen in der Lösung vorhandenen Blutbestandteile werden unter den gegebenen Bedingungen von der Jodsäure nicht angegriffen.

a) Erforderliche Reagenzien.

1. **Uransalzlösung.** In einen Messkolben von 2 l werden 1360 ccm gesättigte Chlorkaliumlösung (hierzu sind 400 g Chlorkalium nötig) eingebracht. Das Chlorkalium muss rein sein, entweder reine Präparate Kahlbaum oder Merck oder mehrmals umkristallisierte, gewöhnliche Handelsware. — In etwa 200 ccm siedendem Wasser wird 3 g Uranylazetat[1]) (oder -chlorid) aufgelöst und hierauf in den Messkolben übergeführt. Ferner werden 1,5 ccm 25%-ige HCl und 0,8 g Kupfersulfat zugesetzt und mit destilliertem Wasser auf 2000 ccm aufgefüllt. Wenn nötig wird die Lösung filtriert.

2. **Alkalilösung.** 20 g Seignettesalz (Kaliumnatriumtartrat) und 75 g Kaliumkarbonat (K_2CO_3) werden in 4—500 ccm Wasser gelöst und auf 1000 ccm aufgefüllt.

3. **Jodatlösung.** Das Jodat muss ganz rein sein und kann selbst in folgender Weise bereitet werden: 20 g Jodkalium werden in möglichst wenig Wasser gelöst, mit einer heissen Lösung von 40 g Permanganat in 1000 ccm Wasser eine halbe Stunde auf dem Wasserbade erhitzt und dann durch Zusatz von Alkohol — tropfenweise — entfärbt. Man filtriert vom entstandenen Braunstein, säuert mit Essigsäure an und dampft das Filtrat bis auf etwa 50 ccm ein. Die ausgeschiedenen Kristalle werden einmal

---

[1]) Das Uranylazetat enthält mitunter störende Verunreinigungen und muss dann gereinigt werden. Meistens genügt Lösung in Ammoniak und Fällung mit Salzsäure.

umkristallisiert, auf einem Uhrglase gesammelt (sie dürfen nicht mit Papier in Berührung kommen), bei 200° getrocknet und im Exsikkator aufbewahrt. — Man bereitet sich eine n/10-Vorratlösung. Diese enthält 3,5667 g Kaliumjodat pro Liter und ist der Haltbarkeit halber mit 10 ccm 20%-iger Schwefelsäure pro Liter versetzt. Aus dieser wird die bei der Titrierung zu verwendende n/100-Jodatlösung bereitet, indem man 10 ccm der n/10-Jodatlösung in einen Messkolben von 100 ccm bringt, 0,9 ccm 20%-ige Schwefelsäure zufügt und mit destilliertem Wasser auf 100 ccm auffüllt. (Diese n/100-Jodatlösung ist, kühl aufbewahrt, wenigstens eine Woche haltbar.)

4. Thiosulfatlösung. Man hat auch hier eine n/10-Lösung vorrätig (2,48 g pro Liter). Das Salz wird in kohlensäurefreiem Wasser gelöst. Die fertige Lösung wird in einer dunkel gefärbten Flasche aufbewahrt. Es ist zweckmäßig eine kalibrierte Bürette direkt auf der Flasche montiert zu haben. Der Stöpsel der Flasche soll paraffiniert sein und die Lösung durch ein Natronkalkrohr vor der Luftkohlensäure geschützt werden. Der Titer der Lösung soll erst etwa eine Woche nach der Zubereitung bestimmt werden. Die bei der Titrierung zu verwendende n/100-Lösung ist wenig haltbar und daher am besten täglich neu zu bereiten. Bei der Verdünnung soll ausgekochtes Wasser verwendet werden. (S. auch S. 23.)

5. 20%-ige Schwefelsäure.

6. 1%-ige Stärkelösung, die um haltbar zu sein mit 25% KCl versetzt ist. (S. auch S. 23.)

7. 10%-ige Jodkaliumlösung. Das Jodkalium muss jodatfrei sein.

b) Die Ausführung der Zuckerbestimmung.

Das Blut wird wie gewöhnlich in Papierblättchen aufgesaugt und gewogen. Nach etwa 2 Minuten bringt man sie in Reagenzgläser und gibt 6,5 ccm von der Uransalzlösung zu[1]). Nach mindestens einer Stunde wird das Papier in einen 100—125 ccm fassenden Erlenmeyerkolben übergeführt und mit 6,5 ccm der Uransalzlösung nachgespült. Dann werden 2 ccm der Alkalilösung und — mit einer sorgfältig gereinigten Pipette — 2,0 ccm n/100-Kaliumjodatlösung zugefügt. (S. auch S. 15.) Die Wände des Kolbens werden mit 1 ccm Wasser vorsichtig gespült. Dann wird wie bei der Mikrokjeldahlmethode indirekt erhitzt. Der Wasserdampf wird in einem zu etwa $^2/_3$ gefüllten, 1 l fassenden Kochkolben entwickelt, und durch ein Glasrohr bis auf den Boden des Erlenmeyerkolbens geleitet.

---

[1]) Ernst und Weiss (Biochem. Zeitschr. 168, 1926, S. 443) haben zum Abmessen des Blutes eine besondere Kapillarpipette konstruiert. Das Blut wird aus der Pipette in einen kleinen Kolben hineingesaugt. Sofort danach wird zur Enteiweissung Uransalzlösung durch die Pipette in den Kolben gesogen. Weder Papierblättchen noch Torsionswage werden also bei diesem Verfahren verwendet.

Der Kochkolben soll mit einem Korkstopfen (nicht Gummi) verschlossen sein. Zusatz von Siedesteinen ist erforderlich. Man erhitzt mit einem kräftigen Bunsenbrenner. Das Glasrohr ist am unteren Ende kugelförmig aufgeblasen und die Kugel mit kleinen Löchern versehen, damit der Wasserdampf sich gleichmäßig in der Flüssigkeit verteilt und diese nicht überspritzt. (Abb. 6.)

Nachdem das Wasser im Kochkolben etwa 12 Minuten gekocht hat[1]), wird der Erlenmeyerkolben auf dem Stativ schnell gehoben, so dass das Glasrohr in den Kolben hineintaucht und die Kugel so nahe an den Boden des Kolbens als möglich gebracht wird. Gleichzeitig wird die Zeit mittels einer 4 Minuten[2]) anzeigenden Sand- oder Signaluhr markiert. Nach Ablauf der 4 Minuten wird das Stativ gesenkt und, während die Kugel jetzt in der Mitte des Kolbens oberhalb der Flüssigkeit steht, sogleich 2 ccm 20%-ige Schwefelsäure an der Wand des Kolbens entlang zugegeben und das Glasrohr mit der Kugel sowie die Wände des Kolbens gut

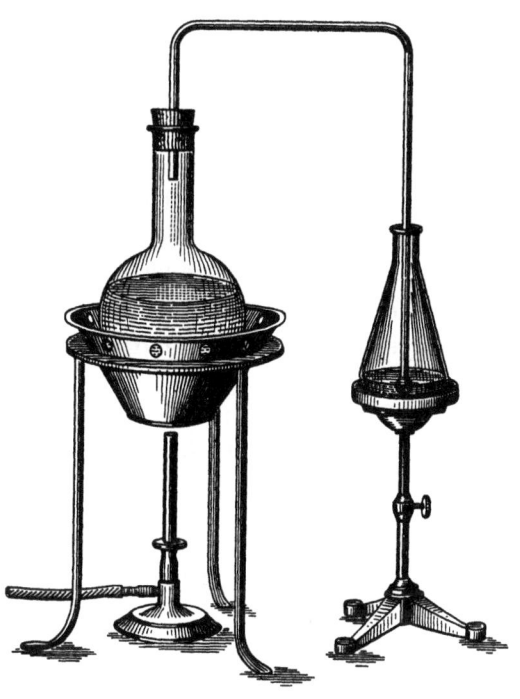

Abb. 6.

---

[1]) Wenn man eine Analysenserie, unmittelbar nachdem das Wasser in Kochen versetzt worden ist, beginnt, findet man meistens, dass die beiden ersten Analysen von den folgenden abweichen (S. A. Holbøll, Biochem. Zeitschr. 113, 1921, S. 203). Dies beruht wahrscheinlich darauf, dass jede Spur von Sauerstoff im Kochkolben eine Oxydation des Cuprooxyds bewirkt und veranlasst die Maßregel, die Analysen erst nach 12 Minuten langem Kochen zu beginnen.

[2]) Einige Autoren verwenden eine etwas längere Kochzeit (4,5 5 oder 6 Minuten), weil sie, in Gegensatz zu Bang, die Reduktion nach 4 Minuten nicht vollständig beendet gefunden haben. (S. z. B. Holbøll l. c.) Auch ist der von Bang empirisch festgestellte Reduktionsfaktor (= Kaliumjodatverbrauch pro 1 mg Glukose) nicht immer ganz genau wiedergefunden worden, was allerdings sicher nicht ausschliesslich auf einer verschieden langen Kochzeit beruhen kann, sondern auch auf andere Faktoren zurückgeführt werden muss. Wahrscheinlich muss man die Reduktion beeinflussende Verunreinigungen der Reagenzien dafür verantwortlich machen. Es empfiehlt sich daher mit Analysen von Lösungen von bekanntem Glukosegehalt zu beginnen, um sich davon zu überzeugen, dass man den Bangschen Reduktionsfaktor (2,8) wiederfindet.

abgespült. (Die dabei entwickelte Kohlensäure zusammen mit dem Wasserdampfe bildet einen wirksamen Schutz gegen etwaige Luftoxydation.)

Erst dann wird der Kolben weiter gesenkt und von dem Stativ weggenommen. Man lässt den Kolben 5 Minuten stehen, gibt 20—25 ccm destilliertes Wasser zu und kühlt ihn dann in rinnendem Wasser gut ab (wobei man sich gut einer mit Zu- und Ablauf versehenen Blechwanne bedienen kann). Man titriert am besten unmittelbar danach, die Titrierung kann jedoch beliebig innerhalb einiger Stunden nach der Destillation vorgenommen werden. — Zwei Tropfen 10%ige Jodkaliumlösung und einige Tropfen Stärkelösung werden zugesetzt und n/100-Thiosulfatlösung bis zur Entfärbung zugegeben. Der Umschlag soll mindestens 4—5 Minuten stehen bleiben. Kehrt die blaue Farbe früher zurück, so müssen noch 0,01—0,02 ccm von der Thiosulfatlösung zugesetzt werden.

Blindanalyse soll täglich vorgenommen werden. — Von der in der Blutanalyse verbrauchten Jodatmenge zieht man die im Blindversuch verbrauchte Jodatmenge ab. Der Rest mit 2,8 dividiert gibt die Zuckermenge in Milligrammen. Beispiel: Bei dem Blindversuch sind 1,97 ccm Thiosulfatlösung verbraucht, bei der Blutanalyse 1,58 ccm.

$$\frac{1,97 - 1,58}{2,8} = 0,139$$

Wenn 110 mg Blut abgewogen war: $\frac{0,139 \times 100}{110} = 0,13\%$ Zucker.

Für die Genauigkeit der Resultate ist es von grösstem Gewicht, dass die zu verwendenden Proberöhrchen und Kolben sorgfältig gereinigt sind. Am besten werden sie gründlich mit warmer Seifenlösung gebürstet und dann mehrere Male mit Wasser und zuletzt mit Alkohol gespült.

Man findet mit dieser Methode (in der oben geschilderten Weise ausgeführt) die normalen Nüchternwerte des Blutzuckers beim Menschen zwischen 0,08—0,11%.

XIII. Die Bestimmung der Lipoidstoffe.

Bekanntlich kommen im Blute mehrere Lipoide vor, die verschiedene Bedeutung besitzen. Sie können folgendermaßen eingeteilt werden: 1. Das Neutralfett, 2. das Cholesterin, 3. die Cholesterinester, 4. die Phosphatide. Ausserdem scheinen in sehr geringen Quantitäten freie Fettsäuren im Blut vorzukommen. Auch Zerebroside sind als Blutbestandteile angegeben worden. Ihre Existenz im normalen Blute kann aber nicht als sichergestellt angesehen werden.

Ebenso wie sich der Traubenzucker durch die Reduktionsmethoden bestimmen lässt, können auch die Lipoide nach einem ähnlichen Verfahren bestimmt werden. Das Prinzip desselben besteht darin, dass Chromsäure von den Lipoiden reduziert wird, und zwar ist die reduzierte Menge der vorhandenen Lipoidmenge genau proportional. Der Überschuss an Chromsäure setzt eine äquivalente Jodmenge in Freiheit. Da die Lipoide aber viel stärker als Zucker reduzieren, verwendet man auch für die Mikroanalyse besser n/10- als n/100-Lösungen. Die verschiedenen Lipoide reduzieren indessen, wie erwartet werden kann, nicht gleich stark. In der untenstehenden Tabelle sind die Reduktionskoeffizienten (= ccm n/10-Chromatlösung, die von 1 mg der Substanz reduziert werden) der wichtigsten in Betracht kommenden Fettstoffe angegeben. (Diese Koeffizienten sind natürlich nur dann gültig, wenn die Oxydation der Lipoide genau nach den folgenden Vorschriften ausgeführt werden. Sie sind also rein empirisch festgestellt.)

Lipoid	Reduktionskoeffizient
Triolein	2,06
Tripalmitin . . .	2,07
Oleinsäure . . .	2,09
Palmitinsäure .	2,14
Cholesterin . . .	2,48
Cholesteryloleat .	2,26

Qualitative Untersuchungen der Blutfettsäuren (besonders durch Bloor) haben ergeben, dass diese zum grössten Teil aus Oleinsäure und Palmitinsäure bestehen. Der Reduktionskoeffizient der Neutralfette des Blutes kann daher ohne grösseren Fehler zu 2,06 gesetzt werden, der der Blutfettsäuren zu 2,12. (Die bei der Anwendung dieser Koeffizienten möglicherweise entstehenden, als konstant zu betrachtenden Fehler dürften für die Neutralfette 1%, für die Fettsäuren 2—3% nicht übersteigen und sind wahrscheinlich kleiner.)

Da die Chromsäure bekanntlich ein gutes Oxydationsmittel für die meisten organischen Substanzen ist, müssen die Lipoide bei der Bestimmung erst aus dem Blute durch Extraktion isoliert werden. Die übereinstimmenden Lösungseigenschaften der verschiedenen Lipoide haben oft grosse Schwierigkeiten bei der Trennung derselben voneinander bereitet. So ist die exakte Trennung der Phosphatide von den Triglyzeriden, wenn sie gemeinsam in Lösung vorkommen, sehr schwierig. Dagegen gelingt diese Trennung, soweit es sich um die Blutuntersuchung handelt, sehr bequem durch eine fraktionierte Extraktion. Es hat sich nämlich gezeigt, dass man durch Extraktion von auf Papier eingetrocknetem Blut mit Petroleumäther nur das Neutralfett und das freie Cholesterin extrahieren kann, während die Phosphatide und die Cholesterinester (sowie evtl. vorhandene freie Fettsäuren) zurückbleiben. Durch eine folgende Extraktion mit Alkohol werden die letzteren sämtlich quantitativ gelöst. Man hat also 1. die primäre Petroleumätherextraktion und 2. die sekundäre Alkoholextraktion. Durch weitere Behandlung der Extrakte kann man das Neutralfett von dem Cholesterin und die Phosphatide von den Cholesterinestern trennen.

a) Erforderliche Reagenzien.

1. **Petroleumäther.** — Siedepunkt 30^0—70^0. Dieses Lösungsmittel muss je nach der Reinheit der zu Verfügung stehenden Ware mehr oder weniger energisch gereinigt werden. Oft genügt einmalige Destillation. Wenn angestellte Blindversuche zeigen sollten, dass der Petroleumäther trotz einmaliger Destillation störende Verunreinigungen enthält, wird er am besten einige Stunden lang mit $1/4$—$1/5$ seines Volums konzentrierter Schwefelsäure geschüttelt und sodann einer neuerlichen Destillation unterworfen. Die Destillation wird am besten auf dem elektrischen Wasserbade ausgeführt unter Anwendung eines hohen Fraktionieraufsatzes und mit gut ausgeglühten Bimssteinerbsen als Siedesteinen. **Gummistopfen dürfen bei der Destillation nicht verwendet werden!** Nach A. Löw (Biochem. Zeitschr. Bd. 177, 1926, S. 144) reinigt man den Petroläther am besten durch Destillation bei Anwesenheit von Alkali (1 ccm n/1-Lauge zu 500 ccm).

2. **Alkohol.** — 95%, evtl. „absoluter Alkohol" muss durch nochmalige Destillation gereinigt werden.

3. **n/10-Kaliumdichromatlösung.** Sie enthält 4,9083 g pro Liter. Reinstes Präparat Kahlbaum ist zu empfehlen. Die Lösung ist unbegrenzt haltbar.

4. **n/10-Na-Thiosulfatlösung.** Ein reines Präparat ist zu verwenden. Die Substanz wird in kohlensäurefreiem Wasser unter Ausschluss der Luft gelöst. Der Titer wird erst etwa eine Woche nach Bereitung der Lösung gestellt, die Flüssigkeit in einer dunklen Flasche aufbewahrt und durch Natronkalkrohre vor der Luftkohlensäure geschützt (Abb. 7, B). So bereitet und aufbewahrt bleibt der Titer der Lösung gewöhnlich mehrere Monate lang praktisch unverändert.

5. **Konzentrierte Schwefelsäure.** Diese muss möglichst rein sein. Unreine Schwefelsäure kann die Blindwerte erheblich steigern und damit die Analysenresultate verschlechtern.

6. **Natriumhydroxydlösungen** (1%, 15%, 50%). Natriumhydroxyd „aus Alkohol gereinigt" ist von genügender Reinheit.

7. **5%-ige Jodkaliumlösung.** — KJ soll frei von Jodat sein.

8. **1%-ige Stärkelösung**, der Haltbarkeit halber mit 25% KCl versetzt. (s. S. 23.)

Da die Anwesenheit auch nur geringer Mengen organischer Verunreinigungen bei der Oxydation zu bedeutenden Fehlern Anlass geben kann, ist peinliche Reinhaltung der bei der Analyse zu verwendenden Proberöhrchen und sehr sauberes Arbeiten überhaupt („chemische Aseptik"!) die erste Bedingung um gute Analysenresultate zu erhalten. Es ist zu empfehlen, die bei der Extraktion und der Oxydation zu verwendenden Rohre unmittelbar vor der Verwendung mit einer Chromat-Schwefelsäuremischung zu reinigen. Sehr bequem ist es, die danach gut mit Wasser ausgespülten Rohre auf einem Sandbade zu trocknen. Während der Extraktion und der Oxydation sollen die Proberöhrchen zugeschlossen sein, z. B. durch Darüberstülpen kleiner Miniaturbecher. Kork- oder Gummistopfen sollen dabei nicht verwendet werden. — Die bei der Blutentnahme zu verwendenden Papiere sollen vorher mit Alkohol gründlich ausgekocht werden. (Ausgekochte Papiere können von der Firma R. Grave, Stockholm, bezogen werden.) Besonders wenn die Papiere einige Monate lang nach der Reinigung liegen bleiben, können bei der Extraktion des Blutes kleine Fädchen von der Oberfläche derselben losgerissen werden und bisweilen merkbare Fehler veranlassen. Es empfiehlt sich daher die Papiere vor der Blutaufnahme durch einige federnde Schläge, z. B. mit einer Pinzette, von den am losesten anhaftenden Fädchen zu befreien.

b) Die Bestimmung der Neutralfette und des freien Cholesterins.

Von dem zu untersuchenden Blut werden höchstens 120 mg in ein entfettetes Papierstückchen eingesaugt. Nachdem das Blut an der Luft eingetrocknet ist, wird das Papier in einem reinen Proberöhrchen mit 8—10 ccm Petroläther versetzt. Die Lufttrocknung soll bei einer Temperatur von 18—20° wenigstens 4 Stunden dauern, kann aber gut auf 12 Stunden ausgedehnt werden. Die Petrolätherextraktion ist schon nach 30 Minuten beendet (man kann aber auch 24 Stunden warten). Man nimmt mittels eines mit einem Platindrahte versehenen Glasstabes das Papier heraus, spült es mit 1 ccm Petroläther ab und führt es in ein anderes Proberöhrchen über, wo es mit 8—10 ccm Alkohol versetzt wird.

Der Petroläther wird auf dem Wasserbade abdestilliert, wobei eine kleine, gut gereinigte Glasperle als Siedestein dient. Wenn etwa 0,3 ccm der Lösung übrig sind, wird die Destillation abgebrochen, 1 ccm 1%-NaOH zugesetzt und die Mischung auf einem Sandbade erhitzt bis jeder Geruch nach Petroläther verschwunden ist. Die Erwärmung der Lösung zum Sieden soll dabei eine Zeit von etwa 30—40 Sekunden beanspruchen, das Kochen etwa 40—50 Sekunden. — Infolge der Anwesenheit von Alkali verteilt sich das Fett als Emulsion, in welcher Form es von der Chromsäure rasch oxydiert wird. Ohne Alkalizusatz ballt sich das Fett zusammen und wird

48 Die Bestimmung der Lipoidstoffe.

von der Chromsäure nur langsam und unvollständig angegriffen. Nachdem die Mischung erkaltet ist, werden exakt 1 ccm n/10-Kaliumdichromatlösung — am besten verwendet man dabei eine automatische Pipette (s. Abb. 7, A), die direkt an der die Dichromatlösung enthaltenden Flasche

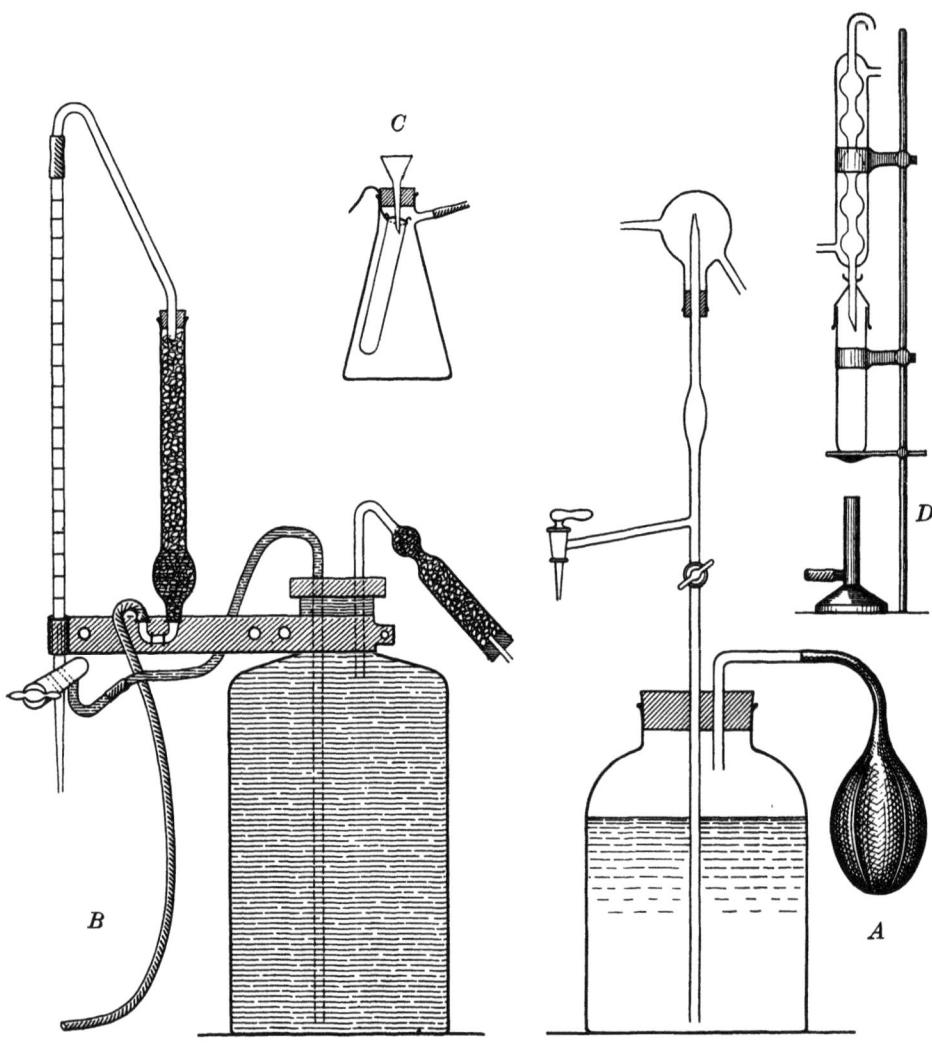

Abb. 7.

montiert ist, — und danach 5 ccm konzentrierte Schwefelsäure zugefügt. Die Mischung wird unmittelbar darauf gut umgeschüttelt und das Proberöhrchen vielmals gleichzeitig rotiert und geneigt, damit auch die in dem oberen Teil des Proberöhrchens an den Wänden anhaftenden Fettstoffe mit der warmen Chromat-Schwefelsäuremischung in Berührung kommen. Man lässt nun die Mischung ruhig mindestens 15 Minuten stehen. Während der

Oxydation schlägt die rot-gelbe Farbe der Chromatlösung infolge der Bildung von grünen Chromiverbindungen in gelbgrün um. Eine rein grüne Farbe zeigt, dass die ganze Chromsäuremenge verbraucht ist. Bei Verdacht von hohem Blutlipoidgehalt muss daher von vornherein mehr als 1 ccm Chromatlösung zugesetzt werden. Für 2 ccm Chromatlösung reichen gleichfalls 5 ccm Schwefelsäure aus, darüber muss für jeden ccm Chromatlösung 2,5 ccm Schwefelsäure zugesetzt werden.

Schliesslich füllt man das Proberöhrchen mit Wasser, giesst den Inhalt in ein Becherglas und spült mit Wasser bis zu einem Gesamtvolum von 100—110 ccm. Wenn das Leitungswasser arm an organischen Verunreinigungen ist, kann es bei dieser Verdünnung ebensogut wie destilliertes Wasser verwendet werden. Nach Zusatz von 1 ccm 5%iger Jodkaliumlösung lässt man ½ Minute stehen und titriert mit n/10-Thiosulfatlösung. Wenn soviel von der Thiosulfatlösung zugefügt worden ist, dass die Lösung ganz schwach gelb gefärbt ist, werden einige Tropfen Stärkelösung zugesetzt und bis farblos (oder richtiger schwach grün) titriert.

Zu einer anderen Probe wird nach der Abdestillation des Petroläthers 5 ccm 95%-iger Alkohol und 0,01 ccm 15 %ige NaOH (bei höheren Graden von Hyperlipämie 0,02—0,03 ccm) gesetzt und die Lösung auf dem Wasserbade erhitzt, bis der Alkohol verjagt und der Rückstand ganz trocken ist. Durch Saugen und Blasen von Luft durch das Proberöhrchen, während es sich noch im Wasserbade befindet, wird die gesamte Feuchtigkeit in wenigen Minuten entfernt. Zu dem Rückstand setzt man 10 ccm Petroläther. Nach mindestens 2 Stunden wird die Lösung auf dem Wasserbade aufgekocht und nach dem Erkalten filtriert. Das Rohr spült man mit 2—3 ccm Petroläther nach, ebenfalls unter Aufkochen. Saugfiltrierung (s. Abb. 7 C) und ein Filter mit einem 3—4 mm nicht übersteigendem Durchmesser ist zu empfehlen. Auch die Filtrierpapiere müssen natürlich entfettet sein. Das Filtrat wird am Wasserbade verdunstet, 1 ccm 1-%ige NaOH zugefügt, Kochen, Oxydation und Titrierung wie oben.

Die Menge der verwendeten Chromatlösung weniger der verbrauchten Menge der Thiosulfatlösung mit 2,48 dividiert entspricht der Menge des **freien Blutcholesterins in mg**. Die Differenz zwischen der von der totalen Petrolätherfraktion und der von dem freien Cholesterin verbrauchten Menge der Chromatlösung mit 2,06 dividiert entspricht den **Neutralfetten in mg**.

Das freie Cholesterin des Blutes zeigt meistens viel kleinere Fluktuationen als die Neutralfette. Die einfache Bestimmung der totalen Petrolätherfraktion genügt daher nicht selten, wenn es gilt sich über die quantitativen Variationen der Neutralfette zu orientieren. Wenn man bei alleiniger Bestimmung der totalen Petrolätherfraktion den Reduktionskoeffizienten der Neutralfette benutzt, so entsteht zwar ein kleiner Fehler, der jedoch in Untersuchungen, wo es nur auf relative Werte ankommt, nicht viel bedeutet.

Man kann bei der Trennung der Neutralfette und des freien Cholesterin auch so verfahren, dass man das Cholesterin mittels Digitonin ausfällt, die Neutralfette aus dem Rückstand extrahiert und dann in der oben beschriebenen Weise oxydimetrisch bestimmt. Solchenfalls setzt man, nachdem der Petroläther grösstenteils abdestilliert worden ist, 0,1 ccm einer 0,5%-igen Digitoninlösung hinzu und erwärmt einige Augenblicke im Sandbad. Das Cholesterindigitonid scheidet sich sofort ab. Doch lässt man das ganze einige Stunden oder noch besser bis zum nächsten Tage stehen, setzt darauf einige ccm Petroläther hinzu, rührt den Niederschlag mit einem Glasstabe gut um und filtriert durch ein entfettetes Filter. Man spült mit einigen ccm Petroläther nach und destilliert auf dem Wasserbade ab. 1 ccm 1%-ige NaOH wird zugefügt und man arbeitet weiter wie oben beschrieben. Die Digitoninlösung wird aus kristallisiertem Digitonin (Merck) und nochmals destilliertem absoluten Alkohol unter Erwärmen bereitet.

c) Die Bestimmung der Phosphatide und der Cholesterinester.

Eine quantitative Auslösung der Phosphatide und der Cholesterinester wird nur durch Extraktion mit kochendem Alkohol erreicht. Ein für diese Extraktion geeigneter Apparat ist in Abb. 7 abgebildet.[1]) Der Apparat ist vollständig aus Glas verfertigt. Eine Extraktionszeit von einer Stunde genügt um die Phosphatide und Cholesterinester quantitativ auszulösen. (Ursprünglich wurde Extraktion bei Zimmertemperatur während 24 Stunden vorgeschrieben. Es hat sich aber gezeigt, dass bei

---

[1]) Dieser Apparat sowie alle übrigen bei der Lipoidbestimmung nötigen Utensilien können von R. Grave, Stockholm, bezogen werden.

Nach Raab (Privatmitteilung) kommt man ohne besondere Extraktionsapparate sehr gut aus, wenn man die Proberöhrchen (mit Alkohol und Papier) auf einem flachen Sandbade kocht. Der obere Teil des Proberöhrchens wirkt dann als Rückflusskühler und es verschwindet während eines einstündigen Kochens nur sehr wenig Alkohol. Meiner Erfahrung nach schliesst man dabei jedoch am besten das Proberöhrchen mit einem am unteren Ende konisch geformten, etwa 6—7 cm langen Rohr (von derselben Weite als das verwendete Proberöhrchen), das mit kaltem Wasser gefüllt wird. Es stellt dann einen ganz vorzüglichen Rückflusskühler dar. Diese Rohre müssen natürlich, ehe sie zum erstenmal in Gebrauch genommen werden, auf der Aussenseite mit Chromat-Schwefelsäure gereinigt werden. Sie können dann in einem Becher mit Wasser aufbewahrt werden. Man kann sie leicht selbst aus gewöhnlichen Proberöhrchen herstellen.

Um viele Proberöhrchen auf einmal auf dem Sandbade kochen zu können, ist es bequem, eine Asbestscheibe einige cm oberhalb des Sandes fixiert zu haben. Diese Scheibe wird mit Löchern von dem Diameter der Proberöhrchen versehen, durch welche diese gesteckt werden können.

dieser Extraktionsweise etwa 15% der Lipoide zurückbleiben. In Untersuchungen, wo nur relative Werte gefordert werden, dürfte jedoch die einfachere Extraktion bei Zimmertemperatur angewandt werden können.) Als Siedesteine werden kleine, gut gereinigte Glasperlen benutzt. Die Extraktion kann ebenso gut mit 95%-igem wie mit „absolutem" Alkohol ausgeführt werden. Die Verwendung von absolutem Alkohol besitzt den Vorteil, dass die Abdestillierung schneller und ruhiger erfolgt als bei Verwendung von 95%-igem Alkohol.

Wenn die Extraktion beendet ist, wird das Papier herausgehoben, 0,02 ccm 15%-ige NaOH zugesetzt und die Lösung am Wasserbade gekocht. Die Phosphatide werden dabei rasch hydrolysiert. Wenn $\frac{1}{2}$—1 ccm der Flüssigkeit übrig ist, fügt man 1 ccm 0,4%-ige H_2SO_4 in „absolutem" Alkohol (ex tempore bereitet!) hinzu, um die Phosphatidfettsäuren in Freiheit zu setzen. Die Flüssigkeit wird danach am Wasserbade wieder auf ein Volumen von $\frac{1}{2}$—1 ccm eingeengt, der Rest im Vakuum eingedampft. Eine einfache und zweckmäßige Anordnung besteht darin, das Proberöhrchen mit einem mit Stanniolpapier umwickelten Korkstopfen zu verschliessen. Durch den Stopfen führt ein Glasrohr, das mit einer kräftigen Wasserstrahlpumpe in Verbindung steht. Die Einengung im Vakuum muss vorsichtig ausgeführt werden um Überspritzen der Flüssigkeit zu vermeiden. Das Rohr soll während der Evakuierung unausgesetzt leicht geschüttelt und anfangs nur mit der Hand erwärmt werden. Wenn der Hauptteil der Feuchtigkeit entfernt ist, wird das Rohr bis auf höchstens 60° (in einem Wasserbade) erhitzt, bis der Rückstand ganz trocken ist, was in sehr kurzer Zeit erreicht wird. Unmittelbar danach werden etwa 10 ccm Petroläther zugesetzt. — Das Trocknen im Vakuum ist deshalb notwendig, weil die ungesättigten Blutfettsäuren an der Luft, besonders bei höherer Temperatur sehr schnell oxydiert und dabei petrolätherunlöslich werden. — Man lässt wenigstens 3 Stunden stehen, kocht auf, lässt abkühlen und filtriert. (Dieser Petrolätherextrakt enthält also die Phosphatidfettsäuren und die Cholesterinester). Der Petroläther wird abgedampft und die oxydimetrische Bestimmung wie oben beschrieben ausgeführt.

In einer anderen Probe werden zu dem sekundären Alkoholextrakt 0,03 ccm 50%-ige NaOH gesetzt und der Alkohol dann am Wasserbade abdestilliert. Hierbei werden sowohl Phosphatide als Cholesterinester vollständig verseift. Falls dabei „absoluter" Alkohol verwendet worden ist, fügt man gegen das Ende der Destillation 1—2 Tropfen Wasser hinzu.— Wenn die Lösung bis auf wenige Tropfen verjagt ist, wird durch das Proberöhrchen vorsichtig CO_2 geblasen, während dieses sich noch im Wasserbade befindet[1]. In wenigen Minuten ist dann der Rückstand vollständig trocken,

---

[1] Wenn CO_2 von einer Bombe genommen wird, soll es durch Baumwolle filtriert werden.

was eine notwendige Bedingung dafür ist, dass bei der folgenden Petrolätherextraktion die Seifen zurückbleiben. Durch die Kohlensäure wird das überschüssige Alkali in poröses Karbonat übergeführt, was die Extraktion des Cholesterins wesentlich erleichtert. Zu dem trockenen Rückstand werden etwa 10 ccm Petroläther gesetzt und das Rohr während mindestens 6 Stunden stehen gelassen. Danach Aufkochen, Filtrieren und oxydimetrische Bestimmung wie oben.

Die Menge der verbrauchten Chromatlösung mit 2,48 dividiert gibt das als Ester gebundene Cholesterin in Milligramm.

Die von dem gebundenen Cholesterin verbrauchte Chromatmenge wird von der totalen Alkoholfraktion (Phosphatidfettsäuren + Cholesterinester) verbrauchten Chromatmenge subtrahiert. Der Rest mit 2,12 dividiert gibt die totale Menge der Fettsäuren der Alkoholfraktion. Diese Menge weniger der an das Cholesterin gebundenen Fettsäuren gibt die Menge der Phosphatidfettsäuren.

Wenn nur die Bestimmung des Totalcholesterins erwünscht ist, genügt eine direkte Alkoholextraktion mit nachfolgendem Verfahren wie bei der Bestimmung des gebundenen Cholesterins. Wird gleichzeitig in einer anderen Probe nach direkter Alkoholextraktion wie bei der Bestimmung der totalen Alkoholfraktion verfahren, so erhält man durch Subtraktion des Totalcholesterins den Wert der Totalfettsäuren des Blutes.

Blindanalysen mit allen Reagenzien und den Papieren sollen täglich vorgenommen werden. Die Konstanz der Blindwerte von Tag zu Tag bildet eine gute Kontrolle der Reagenzien. Gut gereinigte Reagenzien und Papiere verbrauchen nicht mehr als etwa 0,05 ccm Chromatlösung und dürfen höchstens 0,10 ccm verbrauchen[1]).

XIV. Die Bestimmung der Salizylsäure.
(Von Dr. C. Friderichsen.)

200—600 mg Blut werden in bootförmige Papierstückchen aufgesaugt und deren Gewicht sofort mit Hilfe der Torsionswage festgestellt. Dann wird das Papierstückchen in einem Reagenzglas mit ungefähr 10 ccm einer kochend heissen Chlorkaliumlösung, die 1,5 ccm 25%-ige Salzsäure pro Liter enthält, versetzt, worauf man das Gemisch 3 Stunden stehen lässt. Die Chlorkaliumlösung wird nun in einen Scheidetrichter übergeführt, das Papier mit Chlorkaliumlösung und Wasser nachgewaschen und die gesamte Flüssigkeitsmenge viermal mit Äther ausgeschüttelt. Alle

---

[1]) Eine noch ausführlichere Darstellung aller Einzelheiten dieser Methode findet man in Skandinav. Archiv f. Physiologie, Bd. 48, S. 267, 1926 (G. Blix: A critical study of Bang's micromethod for the determination of blood lipoids).

Salizylsäure ist nun in die ätherische Lösung übergegangen. Der Äther wird darauf in einem kleinen Erlenmeyerkolben im Wasserbade bei 34⁰ verdunstet. Sobald aller Äther verjagt ist, entfernt man den Kolben sofort aus dem Wasserbade, da es sich gezeigt hat, dass die Salizylsäure sich verflüchtigt, wenn man den Kolben längere Zeit bei der angegebenen Temperatur stehen lässt.

Um die letzten Reste der Ätherdämpfe aus dem Kolben zu verjagen, leitet man einen Luftstrom hindurch, dann löst man die Salizylsäurekristalle in Wasser und verdünnt je nach der Menge des angewandten Blutes und der vorhandenen Salizylsäure auf 25—50 ccm. Das im folgenden beschriebene kolorimetrische Verfahren gibt die genauesten Resultate, wenn die Verdünnung zwischen $1:50000$—$1:100000$ liegt. Doch kann man auch bei Verdünnungen von $1:20000$—$1:200000$ genaue Ablesungen erzielen. Bei stärkerer oder schwächerer Konzentration ist die Bestimmung sehr unsicher.

Für die kolorimetrische Bestimmung werden eine Reihe von Probe-röhrchen von genau derselben Breite und von gleich dickem Glase derselben Glassorte, dann eine 1%-ige Eisenalaunlösung und eine Standardlösung von Salizylsäure (B) benutzt. Eine 0,01%-ige Natriumsalizylatlösung, entsprechend 0,0862 mg Salizylsäure pro ccm eignet sich am besten.

Zuerst wird der ungefähre Salizylsäuregehalt der Lösung festgestellt: 10 ccm der unbekannten Salizylsäurelösung (A) werden in eins der Probe-röhrchen abpipettiert und tropfenweise mit der Eisenalaunlösung versetzt, bis die violette Farbe an Stärke nicht mehr zunimmt. Darauf gibt man in ein anderes Reagenzglas 10 ccm Wasser, wozu ebenso viele Tropfen Eisenalaunlösung gesetzt werden, wie ins erste Glas. Schliesslich setzt man aus einer Bürette so viele Tropfen der Standardlösung (B) hinzu, bis die Farbe der beiden Lösungen übereinstimmt. Aus den hinzugesetzten ccm Wasser und Salizylsäurelösung wird der ungefähre Salizylsäuregehalt von A berechnet und mit dessen Hilfe erfolgt die endgültige, g e n a u e Bestimmung von A. Mittels der Standardlösung B stellt man eine Skala von 7 Gläsern mit zunehmendem Salizylgehalt her. Der Unterschied zwischen den einzelnen Proben beträgt 0,005 mg Natriumsalizylat (= $^1/_{20}$ccm der Standardlösung). Jedes Glas enthält 10 ccm Flüssigkeit. Den mittleren Punkt der Reihe bildet der bei der vorläufigen Bestimmung gefundene Wert. Darauf pipettiert man von der zur Bestimmung vorliegenden Lösung A 10 ccm ab, setzt zu jedem Glase in Übereinstimmung mit dem bei der vorläufigen Bestimmung Gefundenen dieselbe Anzahl Tropfen Eisenalaunlösung hinzu und vergleicht nun die Probe mit den Gläsern der Skala bei auffallendem Tageslicht gegen einen weissen Hintergrund. Der Vergleich muss sofort nach dem Zusatz von Eisenalaun angestellt werden.

Bei diesem Verfahren hält sich die Färbung zwar eine Zeitlang unverändert klar violett, beim Stehen kann sie sich jedoch etwas verändern, wenn auch viel weniger als es bei den Versuchen der Fall war, bei denen das Blut im Soxhlet-Apparat direkt extrahiert wurde, da die Farbe in letzterem Falle schnell einen rötlichen Ton annahm.

Die Eisenalaunlösung muss jedesmal frisch bereitet werden da es sich gezeigt hat, dass sich die Farbentiefe beim Stehen verändert. Ein grösserer Überschuss an Säure verhindert das Eintreten der Farbenreaktion vollständig.

SPRINGER-VERLAG BERLIN HEIDELBERG GMBH

Lehrbuch der Harnanalyse
von Ivar Bang

Zweite verbesserte und ergänzte Auflage

Bearbeitet von

Prof. Dr. **F. v. Krüger**

Vorsteher der Physiol.-chemischen Abteilung des Physiologischen Instituts der Universität Rostock

1926. Mit 19 Abbildungen im Text. VIII, 146 Seiten

Steif broschiert RM. 8.70

Aus dem Inhalt:

Einleitung. Allgemeines physikalisches und chemisches Verhalten des Harns: Farbe. Durchsichtigkeit. Menge. Konservierung. Reaktion. Das spezifische Gewicht. Der osmotische Druck. Die Oberflächenspannung. Die optische Aktivität. Der Geruch. — Die chemische Untersuchung des Harns: A. Die normalen Harnbestandteile: a) Anorganische Bestandteile, b) Organische Bestandteile: 1. N-freie aliphatische Bestandteile des normalen Harns, 2. N-haltige Bestandteile des normalen Harns, 3. Aromatische Bestandteile des Harns, 4. S-haltige Körper aus der aliphatischen Reihe, 5. Die Farbstoffe des Harns, 6. Fermente. B. Zufällige Harnbestandteile: 1. Anorganische Stoffe, 2. Organische Stoffe. C. Pathologische Harn-Bestandteile: Eiweiss, Eiweissderivate, Zucker, Acetonkörper. Gallenbestandteile. — Harnsedimente: 1. Nichtorganisierte Sedimente, Organisierte Sedimente. — Harnkonkremente, Analyse der Konkremente.

Chemie und Biochemie der Lipoide
von Ivar Bang

Zweite Auflage

Bearbeitet von Prof. Dr. **Ernst Schmitz**, Breslau

in Vorbereitung.

Mikroanalyse
nach der Mikro-Dennstedt-Methode
von Casimir Funk

Vorstand der biochemischen Abteilung, Staatl. Hygieneschule in Warschau.

15 Seiten mit 3 Tafeln. 1925. RM. 1,50

„Gedacht als Ergänzung von Pregls „Quantitativer organischer Mikroanalyse" enthält es eine genaue Anleitung für die Bestimmung von CH und N in kleinen Mengen organischer Substanz. Neu und überraschend einfach erscheint namentlich die Übertragung der Elementaranalyse von Dennstedt auf Mikrodimensionen. Dankenswert sind namentlich die guten und übersichtlichen Abbildungen, die das Arbeiten an Hand des Büchleins ungemein erleichtern."

„Ärztliche Nachrichten" Prag.

SPRINGER-VERLAG BERLIN HEIDELBERG GMBH

Lehrbuch der Physiologischen Chemie

unter Mitwirkung von
Prof. S. G. Hedin in Upsala, Prof. J. E. Johansson
in Stockholm und Professor T. Thunberg in Lund

herausgegeben von

Olof Hammarsten

ehem. Prof. der medizinischen und physiologischen Chemie an der
Universität Upsala

Elfte völlig umgearbeitete Auflage
VIII, 830 Seiten.   Mit einer Spektraltafel
1926. RM. 29.40; gebunden RM. 32.40

Inhalt: 1. Allgemeines und Physikalisch-chemisches. 2. Die Proteine. 3. Die Kohlenhydrate. 4. Tierische Fette, Phosphatide und Sterine. 5. Das Blut. 6. Chylus, Lymphe, Transsudate und Exsudate. 7. Milz und endokrine Drüsen. 8. Die Leber. 9. Die Verdauung. 10. Gewebe der Bindesubstanzgruppe. 11. Die Muskeln. 12. Gehirn und Nerven. 13. Die Fortpflanzungsorgane. 14. Die Milch. 15. Der Harn. 16. Die Haut und ihre Ausscheidungen. 17. Atmung und Oxydation. 18. Der Stoffwechsel bei verschiedener Nahrung und der Bedarf des Menschen an Nahrungsstoffen. Tabelle I. Nahrungsmittel. Tabelle II. Malzgetränke. Tabelle III. Weine und andere alkoholische Getränke. Tabelle IV. Die gewöhnlichen Nahrungsmittel als Träger der Vitamine. Nachträge und Berichtigungen. Alphabetisches Sachverzeichnis. Alphabetisches Namensverzeichnis.

Grundzüge der Physikalischen Chemie
in ihrer Beziehung zur Biologie

von S. G. Hedin

Professor der medizinischen und physiologischen Chemie
an der Universität Upsala

Zweite Auflage, VI, 189 Seiten
1924. RM. 7.50; gebunden RM. 8.70

Aus dem Inhalt:

I. Kapitel. Osmotischer Druck. II. Kapitel. Kolloide. III. Kapitel. Aus der chemischen Reaktionslehre. IV. Kapitel. Die Enzyme. Anhang. Antigene und Antikörper. V. Kapitel. Ionen- und Salzwirkung. Sachregister. Autorenregister.

Zeitschrift für analytische Chemie

Begründet von R. Fresenius

Herausgegeben von

Wilhelm Fresenius
Remigius Fresenius und Ludwig Fresenius

Inhalt:
1. Originalabhandlungen. 2. Bericht über die Fortschritte der analytischen Chemie.

12 Hefte bilden einen Band.   Jährlich 2—3 Bände.
Zur Zeit erscheint der 71. Band. Preis eines Bandes RM. 20.—

— Serienangebot steht auf Wunsch gerne zur Verfügung. —

SPRINGER-VERLAG BERLIN HEIDELBERG GMBH

Lehrbuch der Mikrochemie

Von

Friedrich Emich

Ordentlicher Professor an der Technischen Hochschule Graz
Korresp. Mitglied der Akademie der Wissenschaften Wien

Zweite, gänzlich umgearbeitete Auflage
Mit 83 Textabbildungen. XII, 274 Seiten
1926. — RM 16.50; gebunden RM 18.60

Aus dem Vorwort der zweiten Auflage:

... „Das Buch soll nach wie vor zunächst ein Wegweiser sein, der dem Lernenden eine Übersicht über das Bestehende gibt und ihm damit die Aneignung einer Reihe von wichtigen Methoden ermöglicht. Ferner soll es im allgemeinen über die geschichtliche Entwicklung des Gebietes orientieren und endlich namentlich auch zu weiterem Vordringen aneifern. In diesem Zusammenhang glaubte ich besonders mit Literaturangaben nicht sparen zu sollen, eine Aufgabe, die dadurch wesentlich erleichtert wurde, dass das dazu notwendige Material hier seit Jahren gesammelt wird. Es hat, nebenbei bemerkt, auch als Grundlage für die Berichte über die Fortschritte der Mikrochemie gedient, welche Berichte teils von mir, teils von Herrn Dr. Benedetti-Pichler in der „Cöthener Chemiker-Zeitung" und in der „Mikrochemie" veröffentlicht worden sind, bezw. noch veröffentlicht werden sollen."

Mikrochemisches Praktikum

Eine Anleitung zur Ausführung der wichtigsten mikrochemischen Handgriffe, Reaktionen und Bestimmungen mit Ausnahme der quantitativen organischen Mikroanalyse

Von

Friedrich Emich

Ordentlicher Professor an der Technischen Hochschule Graz
Korresp. Mitglied der Akademie der Wissenschaften Wien

Mit 77 Abbildungen. XIV, 174 Seiten. 1924. — RM 6.60

... „Mit der Abfassung dieses Buches ist es Emich gelungen, zugleich ein Lehrbuch und einen Leitfaden zu schaffen, der einerseits berufen ist, im Unterrichte als Richtschnur zu dienen, andererseits den Anfänger befähigt, bei genauer Befolgung der Vorschriften sich in kurzer Zeit in dieses neue Arbeitsgebiet einzuarbeiten."

Mayrhofer in „Pharmazeutische Monatshefte".

MIX
Papier aus verantwortungsvollen Quellen
Paper from responsible sources
FSC® C105338

If you have any concerns about our products,
you can contact us on
ProductSafety@springernature.com

In case Publisher is established outside the EU,
the EU authorized representative is:
**Springer Nature Customer Service Center GmbH
Europaplatz 3, 69115 Heidelberg, Germany**

Printed by Libri Plureos GmbH
in Hamburg, Germany